JN185448

日本の白亜紀・恐竜図鑑

宇都宮聡＋川崎悟司［著］

築地書館

ようこそ、白亜紀の世界へ

今から１億4500万～6600万年前の白亜紀という地質時代は、ジュラ紀に続き、温暖で湿潤な気候で、海水面は高く、中生代を通して酸素が増え、かつてひと塊だった超大陸は、七大陸に分裂したため、多様な生物が各大陸に現われた時代だ。

卵の孵化を助ける高い気温が爬虫類を繁栄させ、ジュラ紀に引き続き恐竜は支配的な地位を占めていた。翼竜は衰退の一途をたどり、鳥類（恐竜）が制空権を奪いつつあり、哺乳類も陰ながら繁栄、最初の有胎盤類も登場する。被子植物は花をつけるようになり、昆虫とともに栄える。海では、白亜紀半ばに魚竜が絶滅し、モササウルス類が現われる。しかし、白亜紀末の巨大隕石衝突の影響で、鳥類以外の恐竜をはじめ、クビナガリュウ、モササウルス類、アンモナイトなど多くの生物が絶滅した。

そんな時代に、恐竜をはじめとする古生物たちは、どのような環境でどのようにほかの生き物たちとかかわりながら生きていたのだろうか？

日本で発見されている化石をもとに、その生物が暮らしていた環境をイラストで復元し、新たに発見・報告された研究成果や情報などを紹介できたらどんなに楽しいだろう、という思いから本書はスタートした。

本書では、恐竜だけでなく、白亜紀当時、恐竜の周辺で生息していたであろう生き物や、海中にいた古生物たちにも焦点をあてている。前著の『日本の恐竜図鑑』『日本の絶滅古生物図鑑』では、その時点で日本国内で発見された恐竜や古生物について、個々にデータをまじえながら紹介した。本書はその続編ともいえる。

白亜紀の生き物たちは、今では絶滅してしまい、その姿を化石でしか見ることができないものも多いが、彼らがじつは驚くべき姿や生態をもっていたことが、たとえばボーン・ヒストロジー（骨組織学）によるアンキロサウルスの鎧形成の秘密の解明など、研究者たちの調査・研究によって、近年急速に明らかにされつつある。

本書では地質年代の中でも生物の繁栄が最も華やかで多様化した時代である白亜紀に焦点をあて、この日本でどのような生物がどのように生息していたのか、その真実の姿に迫る。

また、日本各地の有名な白亜紀の化石産地ごとの、現時点での最新研究の成果を、川崎悟司のイラストでビジュアル化を試みた。

日本で産出した化石から、白亜紀の多種多様な生物が織りなしていたであろう、驚くべき姿を楽しんでほしい。

コラムでは、日本の古生物界で注目される、気鋭の古生物研究者や恐竜にたずさわる人々、その研究の手法についても紹介している。新しい研究や技術によって、古生物の世界はますます魅力的に解明・紹介されていくことだろう。

本書では、未だ科学的に証明されていない事柄（ことがら）についても一歩踏（ふ）み出し、イマジネーションを働かせて描いたり執筆した部分もあることを最初にお断りしておきたい。まだ発見されていないけれども、現在わかっていることを踏まえたうえで、太古の世界に想像の翼（つばさ）を羽ばたかせた。

発見された化石から白亜紀の環境を想像することの楽しさを味わっていただくことを、本書の大きな目的としている。私たちはこうした題材に求められる科学的な正確性を踏まえて、登場動物や環境を生き生きと描くように努めたが、お気づきの点があったら、是非ご教示いただきたい。

それでは白亜紀の世界を存分にお楽しみいただければ幸いだ。

宇都宮 聡

川崎 悟司

＊イラストは、発掘された化石の写真や、最新の研究の成果にもとづいて描いたものですが、部分的な化石からの復元なので、全体像や色については想像によるところもあります。すべて川崎悟司が描きました。

＊化石や産地の写真は、博物館や個人にお借りしたものは提供・所蔵先を写真説明文に付しました。提供・所蔵先の入っていないものは、すべて宇都宮聡蔵です。なお、人物紹介コラムの写真は、それぞれの方にご提供いただきました。

＊各項目のイラストに描かれている古生物について、古生物名、体長／全長、食性、その他特徴など、わかる範囲で付しました。

もくじ

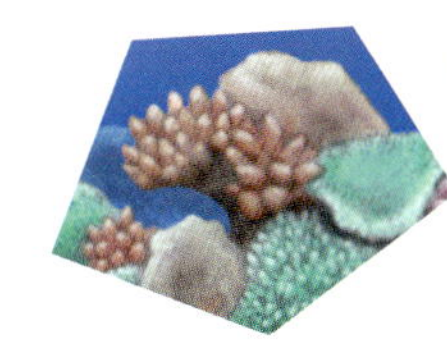

COLUMN［コラム］

ハルキゲニたんの基礎古生物講座

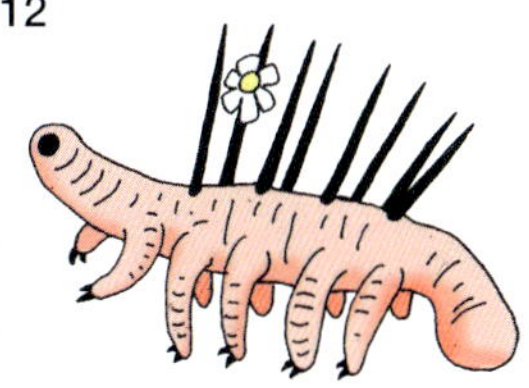

本書で紹介するおもな白亜紀層

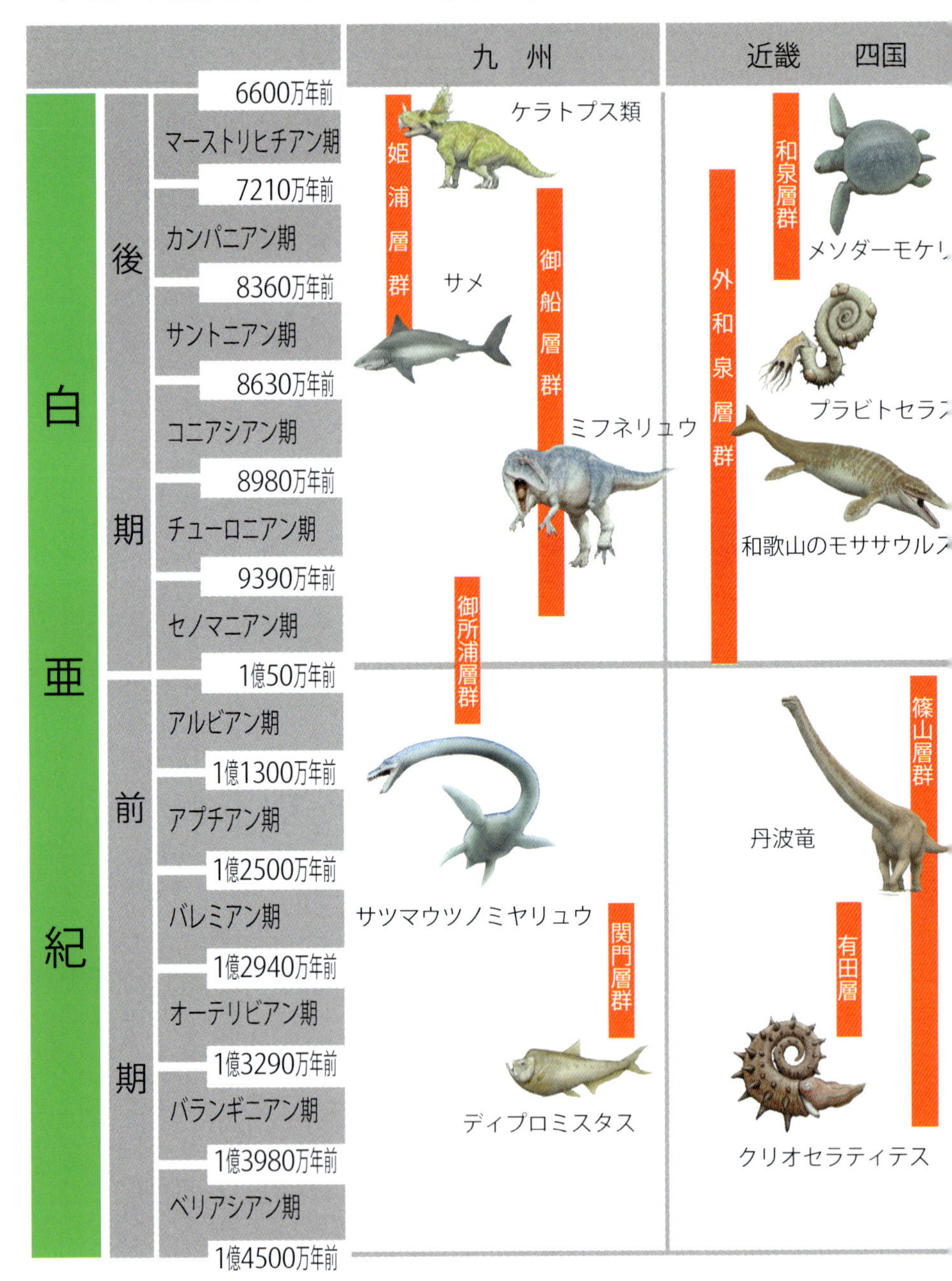

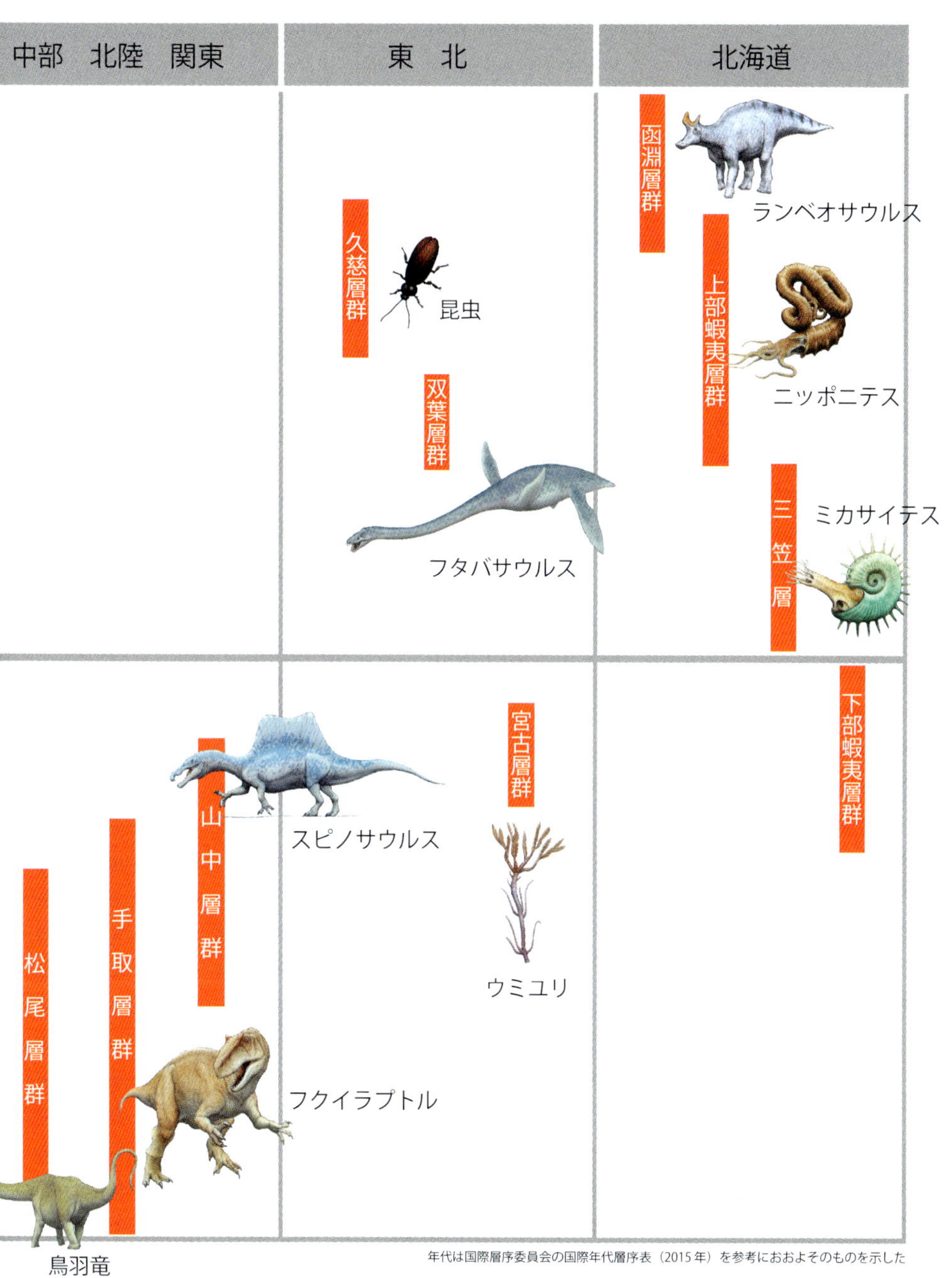

年代は国際層序委員会の国際年代層序表（2015年）を参考におおよそのものを示した

東シナ海の孤島から恐竜化石がぞくぞく

PLACE 鹿児島県薩摩川内市下甑島　**AGE** カンパニアン期　**STRATUM** 姫浦層群

東シナ海に浮かぶ鹿児島県の下甑島では、大型の植物食恐竜の竜脚類や、角竜のケラトプス類、肉食性の恐竜であった獣脚類などの化石が発見されており、当時の恐竜の多様性がうかがえる。特にケラトプス類はトリケラトプスがよく知られている大型で進化したタイプの角竜で、北米での産出が多く、アジアでの発見はわずか3例にすぎない。

東シナ海の孤島から恐竜化石がぞくぞく

①ケラトプス類（角竜類）／植物食／被子植物を嚙み砕くのに適した歯をもつ
②獣脚類／肉食／属種は不明の鋭い歯の化石が発見されている
③竜脚類／植物食／属種は不明の細長い歯の化石が発見されている
④ワニの仲間

東シナ海洋上に浮かぶ、鹿児島県下甑島鹿島の海岸に分布する白亜紀の露頭（姫浦層群カンパニアン期の陸成層）から、熊本大学の大学院生によって１本の獣脚類の歯化石が発見された。報告を受けた同大学の小松俊文博士は、早速調査チームをつくり、地元の協力を得ながら周辺地域を探索した。その結果、露頭からは多数の脊椎動物の骨片が発見・回収された。化石のクリーニングを進めたところ、獣脚類の肋骨のほか、スッポンの仲間などのカメ化石、光沢のあるガノインというエナメロイドなどでできたガノイン鱗をもつ淡水生のレピドテスやシナミアなどの魚類、ワニの歯などが続々と見つかった。

現地からその後発見された獣脚類の歯化石を、国立科学博物館の真鍋真博士、東京大学の對比地孝亘博士が、研究分析を進めた。新聞では「ゴルゴサウルスなどのティラノサウルスの仲間では」という報道もされたが、歯の形質の計測値は、多くの獣脚類の歯の数値と重なり、特定の属種の決定にはいたっていない。

同産地からは、ケラトプス類の歯根化石も発見されている。ケラトプスの仲間は、被子植物を効率よく嚙み砕くため、デンタルバッテリーと呼ばれる歯が重なる構造をもち、個々の歯の歯根が上顎では二股に分かれる。この特徴が、発見された化石と合致した。ケラトプスの仲間は、北米産のトリケラトプスが有名だが、アジアでも中国山東省の上部白亜系からシノケラトプス（*Sinoceratops*）というフリルをもったケラトプス類などの化石が発見されている。中国の標本には歯が残されておらず、下甑島標本との比較はできないが、白亜紀後期の日本にもケラトプスの仲間がいたことが証明される貴重な発見となった。また2014年には竜脚類の歯化石も発見され、これらの化石は薩摩川内市役所鹿島支所の化石展示室で公開されている。

❶下甑島で発見された獣脚類の歯化石。立派な鋸歯(きょし)をもつ。この歯をもとに東京大学で分析が行なわれた。提供／對比地孝亘氏（東京大学）

❷東シナ海の孤島、下甑島。波による浸食で砂岩(さがん)と泥岩(でいがん)がおりなす見事な地層が断崖(だんがい)をなす。提供／小松俊文氏（熊本大学）

ハルキゲニたんの基礎古生物講座

「白亜紀ってどんな時代?」

あたし、ハルキゲニたん。
「中生代白亜紀」っていう時代のお話をさせてもらうよ～。

って、「いきなりおまえ、誰やねん」的な話になっちゃうからさ～
軽く自己紹介させてもらうよ。

あたしは「古生代カンブリア紀」って時代の、浅い海にすんでた「ハルキゲニア」って呼ばれるカギムシの１種。
カギムシって、現在もおもに南半球のジャングルにいる生き物なんだけどさ、あたしの生きた時代にはもっといろんな種類のカギムシがいてさ、世界中のあちこちで見かけたんだけどね～
ハルキゲニアはそんなカギムシの中でも背中にトゲがならんでいるのが特徴だよ。

カンブリア紀にすんでるハルキゲニアがなんで白亜紀の話するねんって話になっちゃうんだけどさ～
この本は白亜紀にフォーカスすることになっちゃってるからさ。
それはそれで許してぇ～w

自己紹介はこのへんで、とりま[*1]「中生代白亜紀」についてぇ～

中生代白亜紀は、だいたいなんだけど、1億4500万年前から6600万年前までを指す期間だよ。

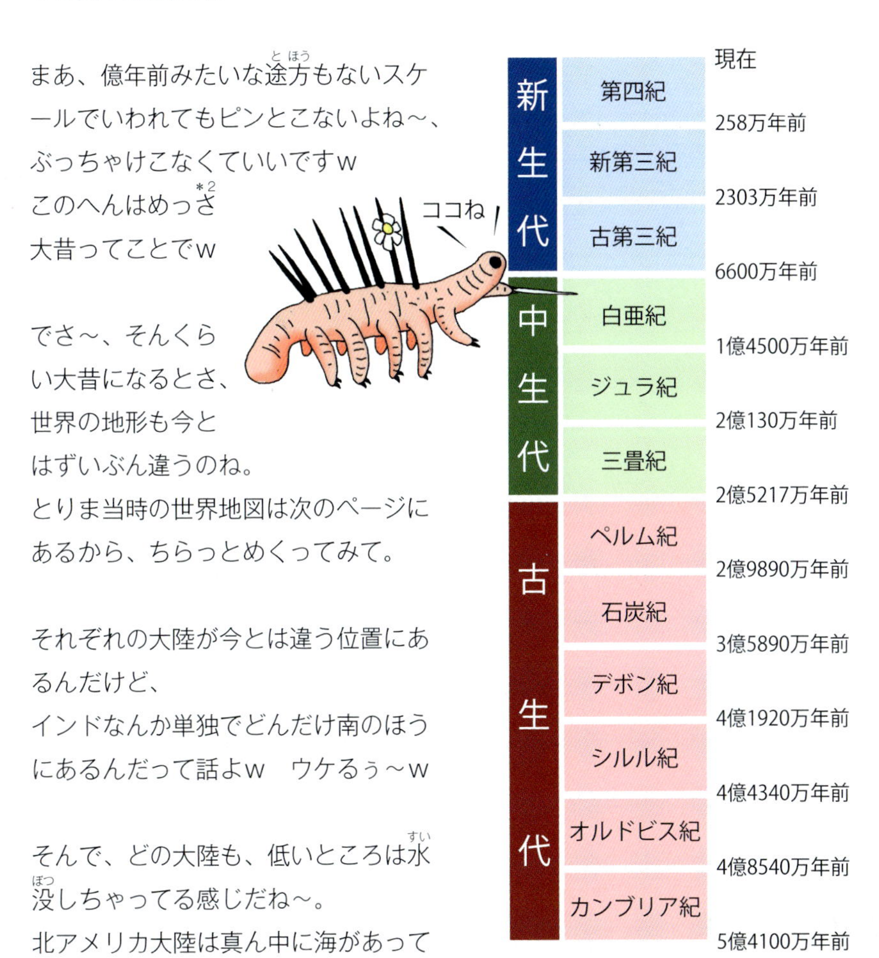

まあ、億年前みたいな途方(とほう)もないスケールでいわれてもピンとこないよね～、ぶっちゃけこなくていいですw
このへんはめっさ[*2]大昔ってことでw

でさ～、そんくらい大昔になるとさ、世界の地形も今とはずいぶん違うのね。
とりま当時の世界地図は次のページにあるから、ちらっとめくってみて。

それぞれの大陸が今とは違う位置にあるんだけど、
インドなんか単独でどんだけ南のほうにあるんだって話よw　ウケるぅ～w

そんで、どの大陸も、低いところは水没(すいぼつ)しちゃってる感じだね～。
北アメリカ大陸は真ん中に海があって

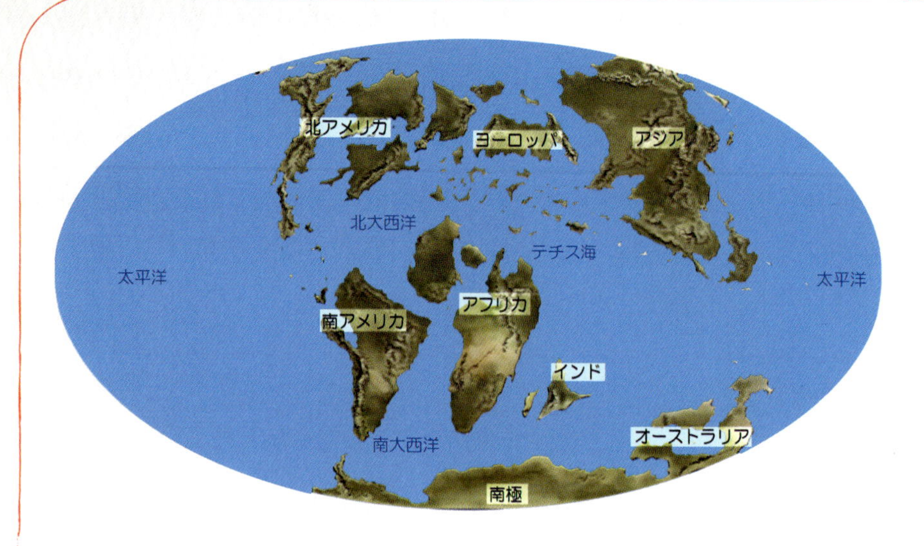

２つに分かれちゃってる感じだし、
ヨーロッパなんかはひどくて、ほとんど水没しちゃって小さい島々が点在してるだけぇ～。

っていうのも、
南極には現在と違って、氷床*3がほとんどなかったんだよね。
その氷床がない分、今より海水面が200～300ｍも高くて、どこも水浸し状態になってたわけよ。
いうまでもないけど、南極に氷がないくらいだから、今よりもずいぶんと暑かったようね～。

ところでさ、日本って見当たらないけど、どこにあんの？
ってなるんだけどさ～、
アジアの大陸の東端にあって、大陸の一部って感じ？
まだこのころは、日本列島って形で大陸から離れてなかったわけよ。
小さい島国だからって全部が水没しちゃってたってわけじゃないからｗ

まあ、この世界地図を見るとわかると思うけど、陸地が細かく分かれててね、
海で隔てられた孤立状態の地域が多いから、

恐竜とかの生き物たちはそれぞれの地域で独自の進化をしていったみたいでさ、
生物の種類はけっこう増えちゃったみたいね。
行くとこ行くとこで違う種類の生き物が見られて、
けっこう、ローカル色アリアリな感じだよw

白亜紀での生物の進化で特に目立つのがアンモナイトだよ～
中生代を代表する海の生き物だけど、
アンモナイトの殻(から)は誰もが知るゼンマイ巻きなんだけど、
白亜紀になると、何かの気まぐれのようにさ～
殻の巻きが解けちゃったり、途中で逆巻きになったりとか、
変形しまくる奴(やつ)がいっぱい現われるのよ～。

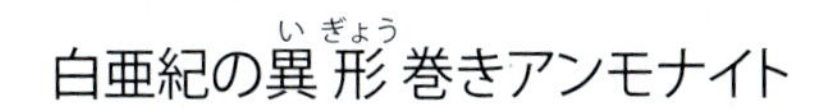

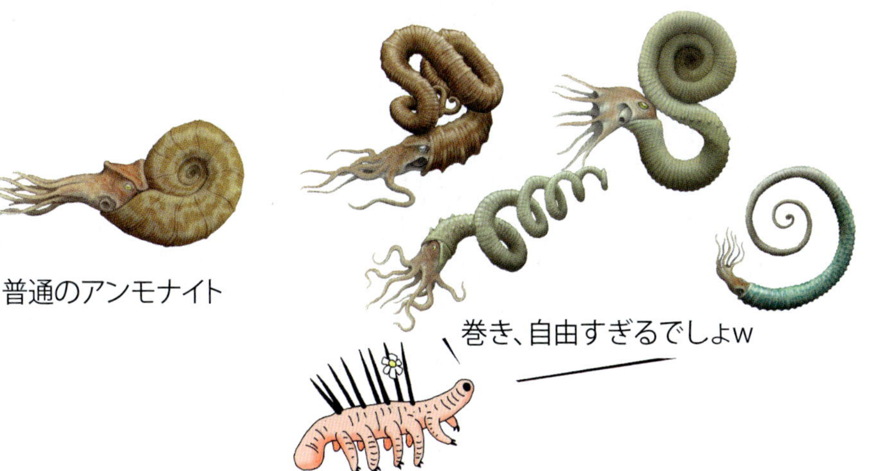

こういう変わった巻き方のアンモナイトは、日本で化石としてよく発見されてるから、この本でもいろいろ紹介していくよ！

＊1：「とりあえずまあ～」の略
＊2：「とても」「ものすごく」の意
＊3：大陸全体を覆って形成される氷河。現在は南極大陸とグリーンランドだけに見られる。

9800万年前ごろの海の中。クビナガリュウのサツマウツノミヤリュウがその長い頸をいかして、アンモナイトなどの頭足類を捕食しようとしている。サツマウツノミヤリュウのような海生爬虫類にとって頭足類は重要な食料資源である。

国内最古のエラスモサウルス科 クビナガリュウ

PLACE 鹿児島県長島町獅子島(ながしまちょう しじしま)

AGE セノマニアン期

STRATUM 御所浦層群幣串層(ごしょのうら へぐし)

国内最古のエラスモサウルス科クビナガリュウ

①サツマウツノミヤリュウ（長頸竜類）／全長約 6.5m ？／食性：魚や頭足類など／乱杭の細長い歯をもつ
②グレイソニテス（アンモナイト）／殻長 22cm ～／大きな棘が発達したアンモナイト類
③アニソセラス（アンモナイト）／殻長約 15cm ／ステッキ状の巻きの上に鋭い棘をもつ

八代海に浮かぶ獅子島は鹿児島県最北に位置し、島の大部分に白亜紀の地層が分布している。島の南西部に位置する幣串地区周辺に分布する白亜紀層は幣串層と呼ばれ、アンモナイトやトリゴニア（三角貝）など多数の海生生物の化石を産出している。グレイソニテスなどの示準化石となるアンモナイトは、白亜紀セノマニアン初期（約 9800 万年前）ごろ海底で堆積したことを示している。

2004 年に獅子島の海岸から著者（宇都宮）により発見され、通称「サツマウツノミヤリュウ」という呼び名で知られるクビナガリュウの化石は、その後、鹿児島大学の仲谷英夫教授と同大学の博士課程に社会人学生として在籍する著者（宇都宮）らにより研究が進められており、2014 年ベルリンでの古脊椎動物学会（SVP）で中間的な報告を行なった。

サツマウツノミヤリュウはエラスモサウルスの仲間で、頭部や頸椎を中心とする多くの骨が残されており、福島以西では最も保存部位が多い標本で、かつエラスモサウルス科としては国内最古の標本となる。頭部化石を含む母岩は鹿児島大学で CT スキャンされ、岩中に頭部の多くの部分が残されていることが確認された。現在、この画像をもとに著者（宇都宮）が、外来研究員である大阪市立自然史博物館でクリーニングを推進中である。

クビナガリュウ化石の周辺の地層からは、グレイソニテスのほか、マリエラやアニソセラスなどの異形巻きアンモナイト、多数のトリゴニアやウミユリなどの化石も産出しており、当時は暖かく、生命のあふれる豊かな海が広がっていたと考えられる。

▲サツマウツノミヤリュウを産出した海岸。発掘時には地層を掘り下げ、プールのようになっていた

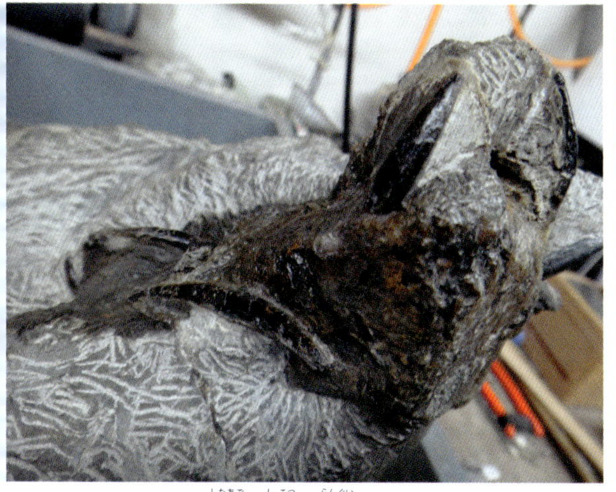

▲サツマウツノミヤリュウ下顎（歯骨）。乱杭の歯がしっかりと下顎に残っている。下顎長 25cm

▲サツマウツノミヤリュウの頸椎。まるで鼓のような形状で両サイドが凹む

▲大阪市立自然史博物館でサツマウツノミヤリュウの頸部化石をクリーニングする著者（宇都宮）

▲サツマウツノミヤリュウの下顎左側面。鋭い歯が並ぶ。爬虫類の歯ははずれやすく、このように残っていることはめずらしい

▲獅子島幣串層から産出した異形巻きアンモナイト、マリエラ。殻が塔状に巻くまるで巻貝のような外観をもつ。殻長 8cm

▲時代決定の示準になったアンモナイト、グレイソニテス。大きな棘をもつアカントセラス科のアンモナイト。奥の大型の個体の殻長 22cm

▲獅子島幣串層産の異形巻きアンモナイト、アニソセラス。ステッキのようなゆるい住房の上に鋭くとがった棘が並ぶ。殻長 15cm

太古は浅い海にもいた深海ザメ

PLACE 熊本県上天草市龍ヶ岳町 AGE サントニアン期 STRATUM 姫浦層群下部亜層群樋之島層

熊本県天草地方ではさまざまなサメの歯などの化石が発見されており、その多様性と繁栄をうかがい知ることができる。硬いものを嚙み砕くのに適した平らな歯をもつプチコドゥス類。また、三叉の形状が特徴のラブカ類の歯化石も発見されている。ラブカは現在も深海に生息する原始的なサメだが、白亜紀には浅い海に生息していたといわれている。現在のラブカは深海の暗闇に溶けこむように暗褐色の体色をしているが、太陽の光が射しこむ浅い海では、かえって目立ってしまうため、浅海にすむ白亜紀のラブカは明るく色鮮やかな体色をしていたのではないだろうか。

太古は浅い海にもいた深海ザメ

①ラブカ類（サメ類）／全長１～６m ？／食性：頭足類や魚類？／白亜紀後期から現在も生息。三叉の歯が特徴▶②プチコドゥス（板鰓類）／食性：貝類や甲殻類など？／硬い殻のある動物を食べるのに適した皺襞象牙質の歯をもつ▶③ポリプティコセラス（アンモナイト）／殻長約 10cm ／白亜紀後期に生息した異形巻きアンモナイトの一種▶④ネズミザメ類／全長数 m ？／食性：魚など／現代型のサメの仲間▶⑤ゴードリセラス（アンモナイト）／殻長約 20cm ／白亜紀後期に 2000 万年にわたり世界中の海に生息

白亜紀の海中には、中生代型と現代型につながる多くのサメ類が生息していた。

熊本県天草地方に分布する白亜紀の地層（姫浦層群樋之島層サントニアン期）からは、アンモナイト（ポリプティコセラスやゴードリセラス）や大型二枚貝のイノセラムスの化石にまじって、多数のサメの歯化石が発見されている。

カグラザメや、現生のネコザメのように貝を噛み砕いていたプチコドゥス類、現在深海に生息するラブカ類も白亜紀当時は、比較的浅い海にも生息していたと考えられており、歯化石が発見されている。

そのほか、ネズミザメ類の多数の仲間（クレトラムナ、スクアリコラックス、パラオルサコドゥス、クレトドゥス、クレトクシリナ、スフェノドゥス、パラノモトドン）の歯化石も発見されている。

また、天草と同じ姫浦層群が分布する鹿児島県下甑島からは、サメの腸の形（螺旋状）を残したサメの糞の化石と思われるものも見つかっており、その化石中には魚の鱗や骨が含まれていた。

白亜紀当時の天草は、多数のサメ類が群れる豊かな海だったことだろう。

▲サメの糞石または腸石とされるもの。腸石とは、腸の内容物が体外に排出されず化石となったもののことをいう。天草と同じく姫浦層群が分布する鹿児島県下甑島から産出した。高さ 5.4cm。螺旋状に巻いているのが特徴。提供／三笠市立博物館

▲ *Cretolamna appendiculata*
ネズミザメの仲間クレトラムナの歯化石。副咬頭が特徴。左右 16.7mm

▲ *Cretolamna appendiculata*
ネズミザメの仲間クレトラムナの歯化石。歯根からの高さ 31.4mm

▲ *Cretodus* sp.
ネズミザメの仲間クレトドゥスの歯化石。歯冠の高さ 12.4mm

▲ *Cretoxyrina* sp.
ネズミザメの仲間クレトクシリナの歯化石。歯根からの高さ 31.9mm

▲ *Paranomotodon* sp.
ネズミザメの仲間パラノモトドンの歯化石。歯根からの高さ 24.8mm

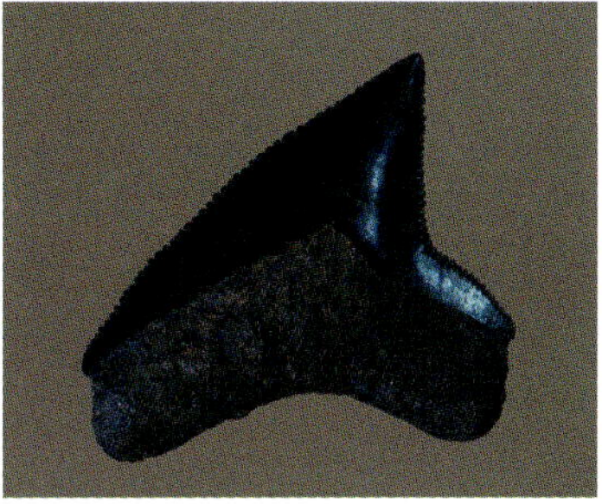

▲ *Squalicorax* sp. (S.falcatus)
ネズミザメの仲間スクアリコラックスの歯化石。学名はカラスザメの意味。左右 16.1mm

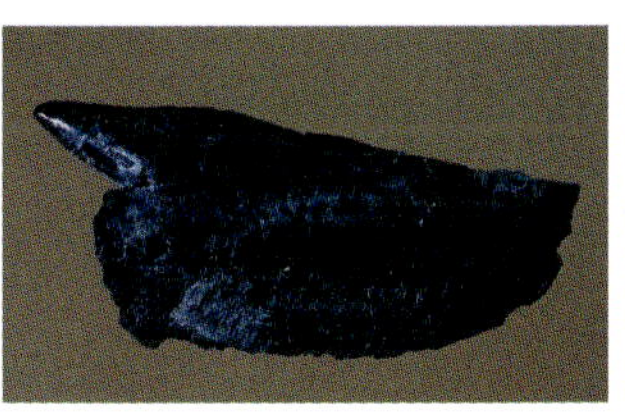

▲ *Echinorhinus* sp.
キクザメの仲間の歯化石。左右 19.2mm

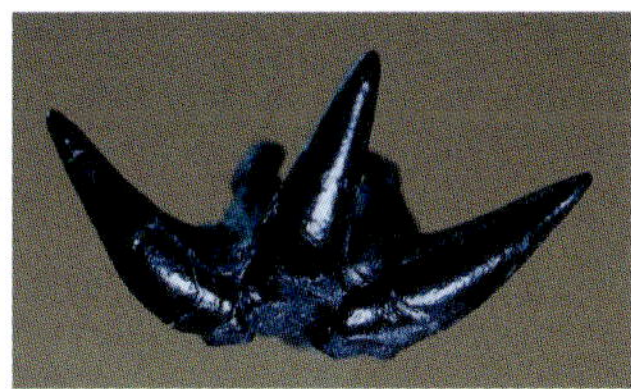

▲ *Chlamydoselachus* sp.
ラブカの仲間の歯化石。原始的な形質を残すサメの仲間。歯冠の高さ 10.6mm

▲ *Squalus* sp.
アブラツノザメの仲間の歯化石。左右 7.6mm

▲ *Hexanchus* sp. (H.microdon)
カグラザメの下顎の歯。左右 21.7mm

▲ *Notidanodon* sp.
カグラザメ類の絶滅種、ノチダノドンの歯化石。咬頭が真ん中付近で最大になる。左右 22.9mm

▲ *Ptychodus* cf. *mammillaris*
プチコドゥスの歯化石。ドーム状に咬頭が盛り上がる歯をもつ。左右 18.4 mm

23ページの写真はすべて人見友幸氏提供

日本初の獣脚類発見地

PLACE 熊本県御船町　AGE セノマニアン後期～カンパニアン期?　STRATUM 御船層群

熊本県の御船層群では、通称「ミフネリュウ」と呼ばれる国内初の肉食恐竜（獣脚類）の歯化石が見つかり、その後もさまざまな肉食恐竜や、植物食恐竜ではバクトロサウルスの仲間の化石が発見されている。群れからはぐれたバクトロサウルスがさまざまな肉食性の獣脚類にねらわれ、その周辺に、アズダルコ類という翼竜が獣脚類たちのハンティングの行方を眺め、その獲物のおこぼれをいただこうと集まりはじめている。

日本初の獣脚類発見地

①ミフネリュウ（獣脚類）／全長10m？／肉食／メガロサウルス科の恐竜
②バクトロサウルス（ハドロサウルス科）／植物食
③ティラノサウルス類（獣脚類）／小型の肉食恐竜。D字型の前上顎骨歯をもつ
④テリジノサウルス類（獣脚類）／前肢に巨大なかぎ爪をもつ
⑤アズダルコ類（翼竜類）／大型の翼竜

熊本県中央部に東西に分布する御船層群は、白亜紀後期（セノマニアン後期～カンパニアン期）にかけて浅い海域で堆積し、その後、陸成層へと発達した赤紫色をした地層群である。

御船層群は1979年、通称「ミフネリュウ」と呼ばれる、国内では初めての獣脚類の歯化石が発見されたことで知られる。その後、御船町飯田山周辺から、続々と脊椎動物の化石が発見された。多数のカメ化石（スッポン上科、スッポンモドキ科）やワニ類。そしてレピソステウス科やアミア科の淡水魚化石、小型の哺乳類（ソルレステス・ミフネンシス）や翼竜類（アズダルコ類）にまざって、多数の恐竜も産出している。

獣脚類では、カルカロドントサウルス類や、初期の華奢なティラノサウルス類の、D字型の断面形状をもつ前上顎骨歯が見つかっている。また、鳥類に最も近いとされるドロマエオサウルス類の歯の化石も発見されている。ドロマエオサウルス類の歯は、鋸歯の大きさが前後で大きく異なるのが特徴だ。さらに、巨大なかぎ爪をもつ風変わりな獣脚類、テリジノサウルス類の小さな歯や後頭部の化石も発見されている。

植物食恐竜としては鎧竜類や、最古のハドロサウルス科として知られるバクトロサウルスの仲間の化石も発見されている。

白亜紀当時の御船層周辺は多数の種類の恐竜が生息する豊かな環境で、一部の恐竜が河川に流され堆積し、化石化したと考えられている。

▲熊本県御船町天君ダム上流の河川敷で発見された翼竜の骨と思われる化石を含むブロック。提供／岡山清英氏

ボーン・ヒストロジーから恐竜進化の謎を探る

林　昭次さん（大阪市立自然史博物館）

大阪にボーン・ヒストロジー（骨組織学）を駆使して、恐竜や哺乳類の謎に迫っている研究者がいる。

大阪生まれの林昭次さんは、幼少期から恐竜が大好きで、大阪市立自然史博物館に足しげく通ううちに、研究者への道を目指していた。

林さんの研究テーマは大きく2つある。1つ目は骨組織から絶滅動物の生理の進化を明らかにすること。2つ目はアンキロサウルスなど、大きな板や棘をもった恐竜の装飾の進化や機能を解明することである。

絶滅動物の骨の内部組織を、最新のＸ線ＣＴスキャナーや、骨を薄くスライスした薄片を用いて観察することで、絶滅動物の生態や生理を推定する。

たとえばこれまでに、陸の動物か海の動物かよくわかっていなかった絶滅哺乳類デスモスチルスが、生活の大半を海中で過ごしていた可能性が高いことや、鎧竜の仲間が、成長過程で自分の骨を再構成して鎧を形成した可能性があることを、骨の内部構造といった新しい視点から解明した。

林さんは、科学の楽しさ、面白さのひとつは新発見であると断言する。一般の方でも魅了されるような楽しさを発見し、博物館をそれを発信する場にしたいと考えている。

今後も、さまざまな古生物の謎をボーン・ヒストロジーの手法を用いて、明らかにしてくれるに違いない。注目の若手古生物学者だ。

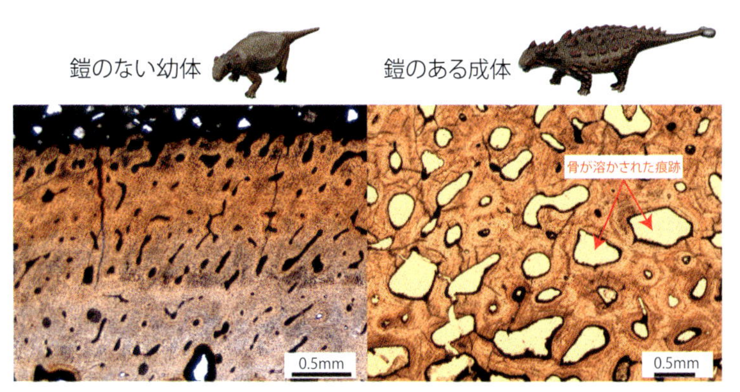

アンキロサウルスの骨の薄片写真。アンキロサウルスなどの鎧竜は成体になって鎧のような装飾をつけるが、これは自分の骨を溶かして、それで得たカルシウムで装甲や棘といった鎧を形成したようだ。薄片を見ると幼体時には密につまっていた骨が、成体では再構成のため溶かされ、空間がたくさん観察できる。提供／林昭次氏、イラスト／新村龍也氏（足寄動物化石博物館）

白亜紀の淡水魚化石群

PLACE 福岡県小倉市・宮若市　AGE オーテリビアン期〜バレミアン期？　STRATUM 関門層群

福岡県北九州では、淡水魚の化石がまとまって発見されている。恐竜のすんでいた地域にも、川や湖にはディプロミスタスやワキノイクチスなど、たくさんの種類の淡水魚が生息しており、アドクスと呼ばれるスッポンの仲間もごく普通に見られたようだ。

白亜紀の淡水魚化石群

①アドクス・センゴクエンシス（カメ類）／甲長約 30cm ／最古のスッポンの仲間
②ワキノイクチス（魚類）／アロワナの仲間
③ディプロミスタス（魚類）／ニシン科の淡水魚
④角竜類／植物食／歯化石が発見されている

福岡県北九州市周辺から山口県西部に分布する関門層群は、白亜紀前期（約1億3000万年前）に存在した古脇野湖と呼ばれる巨大な湖に堆積した地層だ。

1970年代に関門層群が分布する小倉市内の露頭から、大量の淡水魚の化石が発見された。最初に見つかったのはニシン科のディプロミスタスの新種の化石で、その後、別の産地から追加標本が得られたことで研究が進み、現在、日本初のアミア科の化石のほかにアロワナの仲間（ワキノイクチスやアオキイクチス）など20種類を超える魚類化石が確認されている。ちなみにアミア科の魚類は現在、北米にわずか1種類だけ生き残っているにすぎない。

関門層群脇野亜層群からは、魚類のほかにも、ワニの歯やカメの甲羅、恐竜もワキノサトウリュウと名づけられた獣脚類の歯のほか、角竜類の歯なども発見されている。

福岡県宮若市の関門層群から発見されたスッポンの仲間（アドクス属）のカメ化石が2015年に新種とわかり、産出した宮若市の千石峡にちなみ、「アドクス・センゴクエンシス」と名づけられた。アドクス属としては世界最古の新種となる。

▲山田弾薬庫跡地に露出した白亜紀の地層から、魚類など多くの化石が産出した

▲ディプロミスタス。1979年に新種記載されたニシン科の淡水魚の化石。全長（頭の先から尾の先までの直線長）4.4cm

▲アオキイクチス。アロワナの仲間の淡水魚の化石。属名は発見者にちなむ。全長4.6cm

▲ワキノイクチス。アロワナの仲間の淡水魚の化石。全長7.7cm

▲ニッポンアミア。日本初のアミア科の化石。現生種は北米に1種類だけ生息している。全長約30cm

▲角竜の歯冠のすり減った歯化石。トリケラトプスなどが属する「新角竜類」の原始的な種類と考えられている。歯根からの高さ1.4cm

▲ワキノサトウリュウ。1990年、福岡県で初めて発見された恐竜（獣脚類）の歯化石。特徴的な歯体から新種記載された

▲ワニの歯と思われる化石。左右1cm

◀アドクス・センゴクエンシス。アドクス属（スッポンの仲間）としては世界最古の種。30cmほどの甲羅の部分化石

写真はすべて北九州市立自然史・歴史博物館提供

ハルキゲニたんの基礎古生物講座

「化石ってなに?」

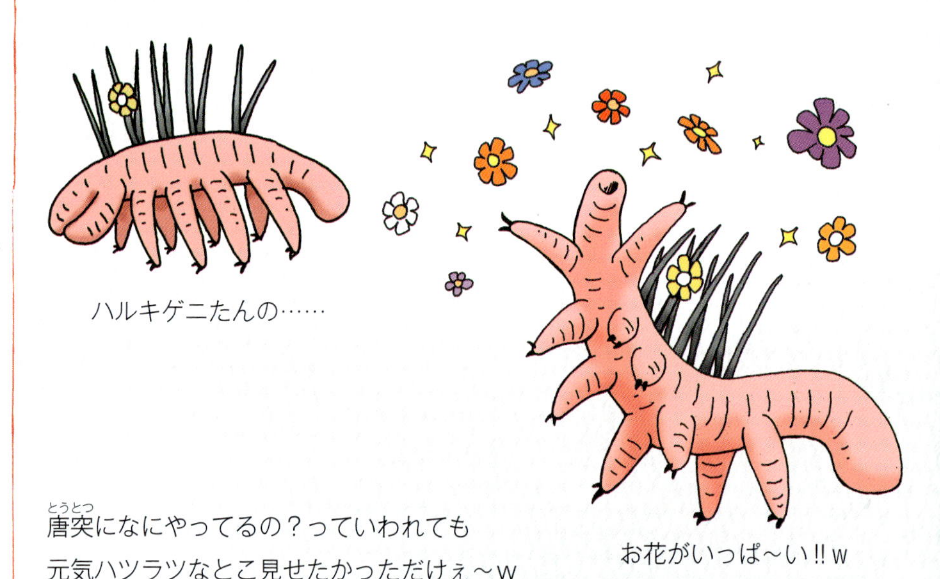

ハルキゲニたんの……

お花がいっぱ～い!! w

唐突になにやってるの？っていわれても
元気ハツラツなとこ見せたかっただけぇ～w

それはさておき、
とりま、今度は「化石」ってなんなのかお話しさせてもらうよ～。

「化石」なんか知っとるよっていわれるかもしんないけど、
細かな誤解とか、わからないとことかもあるだろうからさ～、
ここでは、そのへんを話させてもらうよ。
「化石」って一言でいうと、
太古の昔に生きていた生物の痕跡かなにかってところかな～。

化石のでき方と現われ方

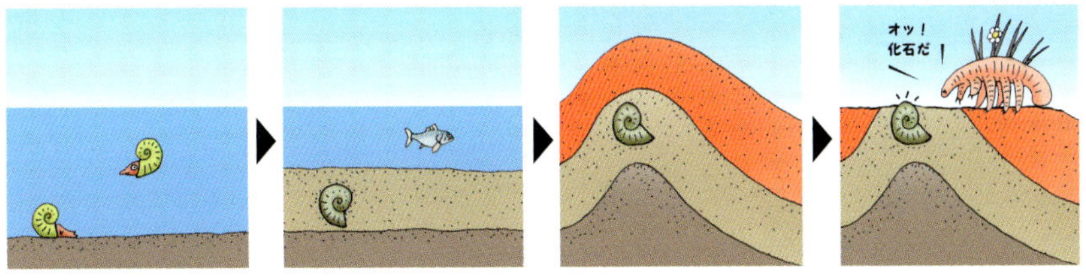

昔の生き物が砂や泥に埋もれ、それが積み重なる。その重みによって固められて、化石になる。

地殻の変動で陸になり、雨などの水の働きによって、大地が削りとられて、化石が地表に現われる。

化石って大昔の生き物が地中に埋まって、長い年月をかけて、石になって残る感じなんだけどさ～、
その長い年月に腐食したり、風化して崩れてしまってさ、化石として今に残る確率は数万分の１といわれてるから、かなりミラクルな状態よ！

おおよそ化石ってそんな感じなんだけど、化石にもいろいろあってさ～、
ここで、あれもこれも化石だぁ～っ！って的なクイズ出しちゃうよ！
さて、下の５つは地中から掘りだされたものだけど、
この中で「化石」じゃないものが１つ。どれか当ててもらっちゃおうかぁ～。

化石じゃないのは、この５つのうち、
どれかなぁ～。

アンモナイトの殻　　マンモスの死骸　　縄文土器

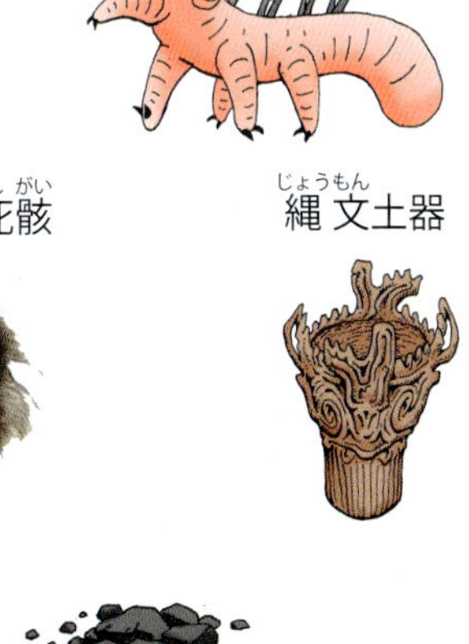

恐竜の足跡

石炭

まずは、
「アンモナイトの殻（から）」は化石だよ。

化石の代表格ともいわれるこれを化石じゃないって思った人は論外よw
裏をかきすぎてるか、わざと間違ってるとしか思えないw

「恐竜の足跡（あしあと）」も化石だよ。

化石は太古の昔に生き物が生きていたことがわかる痕跡なんでさ、
これもれっきとした化石なんだよね。
「足跡化石」とかいわれてるねぇ～。

「マンモスの死骸」も化石。

マンモスのミイラって感じでさ～、石になってないし、
化石は字で見ると「石に化ける」なんだけどさ～、
化石は英語でフォッシル（fossil）といって「掘りだされたもの」って意味なんだよね。
もともとこういう意味なんだから、マンモスの死骸も大昔の生き物が生きていた痕跡というわけで、化石だね！

「石炭」も、じつは化石なんだよね～。

石炭は、太古の植物が腐敗（ふはい）する前に地中に埋もれてできたものでさ、
いわゆる植物化石っていうものよ。
ちなみにさ～、その流れで石油も化石なんだよね。
石油は液体で化石っぽくないだろ～って感じなんだけどさ～。
石油は大昔のプランクトンの死骸が地中に埋もれて、バクテリアと地下の熱の働きによってできたものなんでさ、太古の昔の生き物由来なんだよね。
だから、石炭も石油も「化石燃料」とかいわれてるのよ。

それが人間社会をずいぶん豊かにしてくれたエネルギー資源になったわけだから、感慨(かんがい)深いものがあってさ～、
太古の昔の生き物が残してくれたものに
グレイトさを感じずにはいられないねぇ～。

さてさて、化石でないものは、最後に残った「縄文(じょうもん)土器」だね。

縄文土器は「化石」でなくて、古い建物とかの「遺跡(いせき)」と呼ばれるものの１つなんだよ。

「化石」と「遺跡」をごっちゃにしちゃってる人もいるみたいな感じなんで、
一応いうんだけどさ～、
縄文土器は掘りだされた大昔のものなんだけど、人間の営みとかで残されたものは、まぁ、「遺跡」っていうんだよね。

まあ、いろいろいっちゃったけど、
あれが化石これが化石って明瞭(めいりょう)な線引きをしても仕方ない感じなんでさ、
みんなが思ってる化石のイメージでオーケーな感じだよ。結局ｗ

以上、おわりｗ

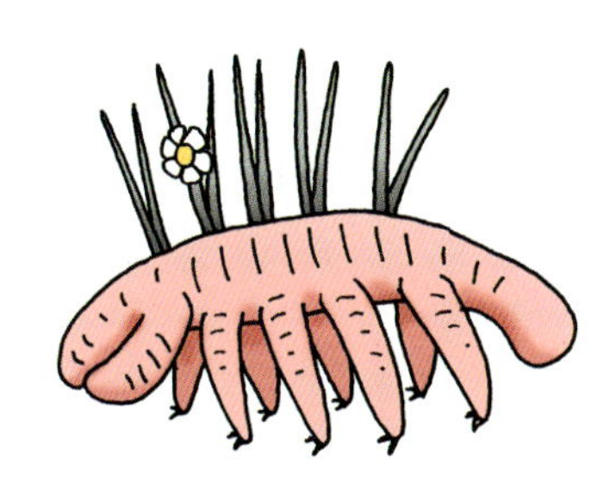

竜たちの渡り

PLACE 兵庫県淡路島（あわじしま）

AGE カンパニアン期〜マーストリヒチアン期

STRATUM 和泉層群（いずみそうぐん）

兵庫県の淡路島では、植物食のハドロサウルス科の恐竜やアズダルコ類と呼ばれる大型の翼竜(よくりゅう)の仲間の化石が産出されている。遠景にはハドロサウルス科の恐竜の群れが、手前にはアズダルコ類の翼竜が地上に舞い降りて、時折地上を歩行する。恐竜が栄えた時代は翼竜が空を飛ぶ姿がよく見られていたが、白亜紀に入るとしだいに鳥たちの飛ぶ姿がよく見られるようになった。ハドロサウルス科の恐竜や鳥類、アズダルコ類の翼竜はみな、同じ方向に向かっているが、これは越冬地を求めて移動しているところである。恐竜も渡り鳥のように季節移動していたといわれている。

竜たちの渡り

①アズダルコ類（翼竜類）／翼開長５～６ｍ／食性：小動物など
②ハドロサウルス科（鳥脚類）／食性：堅い葉をもつ被子植物／植物を嚙み砕くデンタルバッテリーをもつ

兵庫県淡路島中南部に東西に分布する和泉層群は、アンモナイトを中心とする白亜紀後期（カンパニアン期～マーストリヒチアン期）に海中で生息していた、多数の生物の化石を産出することで知られている。時に、淡路島の白亜紀後期の海成層からは、海生生物にまざって陸地由来の生物化石が発見されることがある。陸から洪水などで流されて海底に沈んだものと考えられる。

植物では、ザミオフィルムなどのソテツ類やイチョウの仲間、また被子植物の袋果（豆の莢のような果実）と思われる化石も発見されており、これは北海道で発見され、モクレンの仲間とされた袋果化石と類似している。白亜紀前期に登場した被子植物が、白亜紀後期にさらに繁栄していた証拠といえるだろう。

陸生動物化石としては、2004年に淡路島（洲本市）の採石場から、ハドロサウルス科（ランベオオサウルス亜科）と思われる植物食恐竜の、見事な歯列（デンタルバッテリー）が観察できる下顎や、頸椎の化石が発見されている。ハドロサウルスの仲間は、白亜紀に入ってしだいに裸子植物より繁茂するようになった被子植物の堅い葉を食べるために歯の形状が特殊化し、それによって白亜紀後期に繁栄したと考えられている。

また、淡路島（南あわじ市〈旧緑町〉）の泥岩層からはアンモナイト化石と共産して、アズダルコ類と思われる翼竜の頸椎や、スッポンの仲間の甲羅化石が発見されている。

▲恐竜化石を産出した洲本市の採石場。立ち入り・採集は禁止されている。和泉層群北阿万累層（白亜紀マーストリヒチアン期）の泥岩や砂岩の地層が観察される

▲アズダルコ類と思われる大型の翼竜の頸椎化石（レプリカ）。左は側面、右は上方から見たもの。右の写真の左右約 8cm 。提供／南あわじ市教育委員会

◀左：植物の袋果と思われる化石（洲本市産）。上下 3cm 。北海道で産出したケラオカルポン（モクレン目の袋果化石）に似る。花を発達させた被子植物が白亜紀末の日本に繁栄していたひとつの証拠だ
◀右：イチョウの仲間の葉と思われる植物化石（洲本市産）。左右 6cm

混濁流に飲みこまれたプラビトセラス群

PLACE 兵庫県淡路島 | AGE カンパニアン期 | STRATUM 和泉層群西淡層

兵庫県の淡路島は、S字の形に巻いた異形巻きアンモナイトのプラビトセラスが産出されることで知られている。地震などによって浅海から流れてきた大量の砂や泥で生き埋めになり、化石化したのだろう。

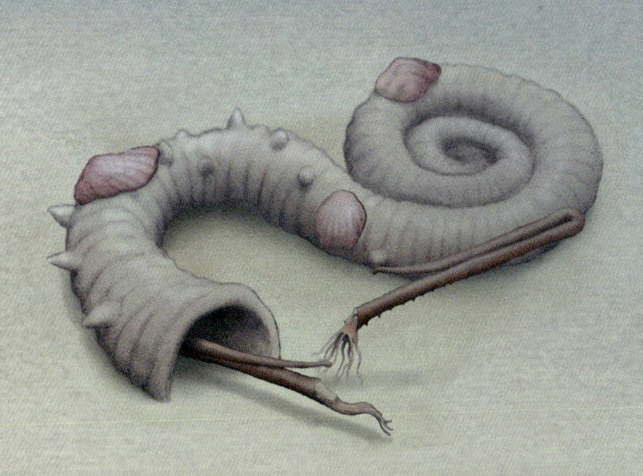

混濁流に飲みこまれたプラビトセラス群

①プラビトセラス（アンモナイト）／殻長約 25cm ／ S 字型の殻をもつ、日本でしか確認されていないめずらしい種
②ソレノセラス（アンモナイト）／殻長約 5 cm ／殻が、まっすぐにのび、途中で 180 度反転して、再びまっすぐのびる。死んだプラビトセラスの殻を住処にしている
③ナミマガシワ（二枚貝）／殻長約 4cm、殻高約 4cm ／足糸で固着してアンモナイトなどの殻の上に生息。付着して生活するため形は一定でない

兵庫県淡路島南西部に分布する和泉層群西淡層では、泥岩を中心とする砂岩泥岩の互層が続き、その中から世界的にもめずらしいＳ字型の殻形態をもつ異形巻きアンモナイト、プラビトセラスの風化した標本が多量に産出する。風化が進んでいるため、化石を取りだすには樹脂で固めるなどの硬化処理が必要だが、住房部まで比較的完全に保存された個体が多いことや、顎器の化石が多く確認できることから、プラビトセラスが生息していた静かな海底が、地震などによって発生したタービダイトと呼ばれる低密度の混濁流に飲みこまれ、プラビトセラスたちは一気に生き埋めになり、化石化したと考えられている。

アンモナイトの殻の表面や内部には、エボシガイやサンゴの仲間、有孔虫や笠貝の仲間などが共生または寄生しているケースが知られているが、化石化したプラビトセラスの標本には、住房部分を中心に、ナミマガシワという二枚貝の仲間が多数貼りついているのが観察できる。ナミマガシワは、牡蠣のように着生先にべったりと殻ごと貼りつくのではなく、筋肉の一部を自分の殻に空いた穴から露出させて宿主に貼りつく。宿主と共生していることが多く、ナミマガシワは死ぬと殻がはずれてしまうため、ナミマガシワとプラビトセラス本体の化石が一緒に保存されているケースが多いことは、生き埋めに近い形で化石化したという説を裏づける証拠といえるだろう。

ちなみにプラビトセラスの産出は、淡路島と同じ和泉層群が続く、徳島県鳴門地区で多く知られ、近年、北海道日高地区からも産出が確認された。

プラビトセラスは塔状に巻くディディモセラスから進化したと考えられており、和歌山県鳥屋城山の外和泉層群からは、両者の中間的形態（螺旋が低い巻き）をもつ化石も発見されている。

▲淡路島に分布する和泉層群西淡層。ハンマーの左横の泥岩中にプラビトセラスの化石が埋もれており、巻きの一部が見えている。提供／御前明洋氏（北九州市立自然史・歴史博物館）

◀プラビトセラス。和泉層群を代表する異形巻きアンモナイト。軟体部が入っていた住房部がS字型に垂れ下がり、まるで？マークのような形になる。提供／北九州市立自然史・歴史博物館

▲プラビトセラスの殻の表面にナミマガシワという二枚貝が多数へばりついて化石化している。殻長23cm

▲ソレノセラス。まるでヘアピンのような形状の異形巻きアンモナイト。死んだプラビトセラスの殻を住処（すみか）にしていたようだ。殻長5cm

COLUMN［コラム］

アンモナイトの生息環境に注目する研究者

御前明洋さん（北九州市立自然史・歴史博物館）

北九州市立自然史・歴史博物館の地学担当学芸員である御前明洋さんは、層序学・古生物学、とりわけ異常巻アンモナイトの進化や生態に興味をもって、精力的に研究を進めている。

御前さんが生まれたのは和歌山県有田市。実家の近くには有名な化石産地、鳥屋城山がそびえる。この鳥屋城山には白亜紀の地層が分布しており、たくさんのアンモナイト（頭足類）を産出する。彼は小学生時代から、この山で多くのアンモナイトを発見・収集する化石小僧として育った。のちにこの鳥屋城山でモササウルス類の骨格を発見したのも浅からぬ縁といえよう。

アンモナイトは、きれいな螺旋を描く殻をもつことは広く知られているが、軟体部は足が何本あったのかをはじめその姿はわかっておらず、正しい生態を知ることは難しい。そこで、御前さんが着目したのは異常巻アンモナイトである。殻が特殊な形状のアンモナイトのほうが、生息当時の生態のヒントを得やすいのではと考えたのだ。殻に付着する貝類やゴカイの仲間などの付着場所や形状から、アンモナイトの泳ぐ方向や姿勢、生息環境を導きだそうとしている。

42ページで紹介した、「プラビトセラスと二枚貝の共生関係」は、御前さんの近年の研究テーマだ。淡路島の白亜紀後期の地層から産出する異常巻アンモナイト（プラビトセラス）化石と共産するナミマガシワという二枚貝化石の産状を細かに分析し、両者が生存当時から共生の関係にあったことや、死後すぐに殻がとれるナミマガシワがアンモナイトに付着したまま化石として発見されることから、アンモナイトがナミマガシワもろとも、海底の混濁流に急速に飲みこまれて化石化したことなどを解き明かした。

彼によって、さらなるアンモナイト研究が進むだろう。驚きにあふれるアンモナイトの生態の謎が解き明かされることを願ってやまない。

北海道の白亜紀層を調査中の御前明洋さん

COLUMN［コラム］

日本で続々と発見される異形巻きアンモナイト

北海道中央部を南北に貫く形で分厚い白亜紀の地層が分布している。

この地層からは、ニッポニテスを代表とする、すばらしい保存状態の世界的に有名な異形巻きアンモナイト群が産出する。まるでクリップのような形状の殻をもつポリプティコセラスや、ゆるいコルク抜きのような形状のユーボストリコセラスなど、多様な形状のアンモナイト化石が発見されている。しかも、近年でも新しい属種の異形巻きアンモナイトが次々と報告されているのだ。

アンモナイト化石の収集が何より大好きな、大阪府在住の会社役員、榊原和仁さんが、今から20年以上前に北海道浦河町の海岸近くの露頭で発見した、奇妙な形状のアンモナイト（塔状の気房部に続いてゆるいU字の住房部がユーモラスな、小さな異形巻きアンモナイト）が新属新種として記載された。

2014年、新種と認定された異形巻きアンモナイト、モレワイテス。殻長約2cm。提供／榊原和仁氏

発見した榊原さんによると、この産地は「イノセラムスはあっても、なぜかアンモナイトの少ない露頭だった」とのこと。「巻いた初期殻と完全な住房部などの特徴から、採った瞬間、新種と思ったのですが」、しばらくは箱に入れたまま放置してあったそうだ。

その後、研究者に標本を寄贈したことで研究がスタート。晴れて2014年、新種として論文発表された。今までにはない異形巻きアンモナイトとして、学術的に認められたのだ。属名はアイヌ語で螺旋を意味する言葉からモレワイテス（*Morewites*）と名づけられた。北海道の白亜紀層には、まだまだ多くの未知のアンモナイトが埋もれているに違いない。

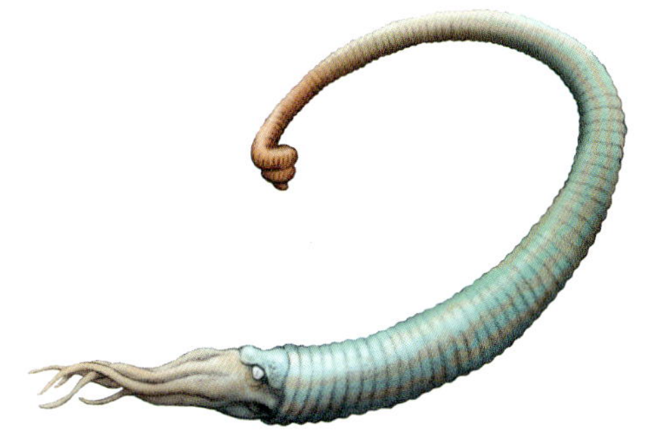

モレワイテスの生態復元図

ウミガメ群れる太古の海

PLACE 兵庫県淡路島 AGE カンパニアン期〜マーストリヒチアン期 STRATUM 和泉層群

淡路島の洲本市では、メソダーモケリスというウミガメの化石が発見されている。メソダーモケリスは現生のオサガメの祖先で、オサガメと同じく甲羅が柔らかい外皮で覆われているが、オサガメのようにクラゲだけを食べる偏食家ではなく、幅広い食性をもち、繁殖力も強く、ほかのウミガメが立ち入る隙がないほどにこの海で繁栄していたといわれている。しかし、同じ産地からはモササウルス類の化石も発見されており、メソダーモケリスはモササウルス類の格好の獲物になっていたのかもしれない。

ウミガメ群れる太古の海

①メソダーモケリス（ウミガメ類）／全長 80cm ～ 2.5m 以上？／食性：魚類ほかさまざまな動物
②ミツクリザメの仲間（サメ類）／現在は深海に生息し、ゴブリンシャークと呼ばれる
③ギリクス（硬骨魚類）／全長 50cm 以上／食性：ほかの魚類や頭足類？
④ノストセラス（アンモナイト）／異形巻きアンモナイトの仲間。世界中の海に生息
⑤エンコドゥス（硬骨魚類）／肉食／鋭い歯をもつ

2009 年、淡路島南西部の洲本市に分布する、和泉層群の泥岩層の中から見事な保存状態のウミガメの骨格化石が発見された。完全な幅広な頭蓋骨や指骨のほか、甲羅を構成する骨の約半分ほどで、復元すると 80cm ほどの全長になる。以前からこの産地では、異形巻きアンモナイトのノストセラスなどとともに、同型のウミガメと見られるカメの大腿骨や背甲の一部などが、多数発見されていた。これらのウミガメ化石は、丸い甲羅の縁板の内側が波打つような特異な形状を示すことから、北海道むかわ町（旧穂別町）の函淵層群から発見され記載された、メソダーモケリスという現生のオサガメの祖先系のウミガメと同属と考えられている。

同じ産地からは、ギリクスやエンコドゥスと呼ばれる大型の魚類化石のほか、ゴブリンシャークと呼ばれるミツクリザメの仲間も見つかっている。また、モササウルス類と見られる椎骨も発見されている。メソダーモケリスは、現生のオサガメがクラゲなどに特化して捕食するのに対して、魚類をはじめさまざまな動物を食べたと考えられている。雑食ですぐれた繁殖力があったことから、メソダーモケリスが産出する地層からは、ほかのウミガメ種の産出は少ない（ほかのウミガメを駆逐した？）とされている。しかし、同じ産地からモササウルス類の化石も産出しており、モササウルス類にとっては格好の捕食の対象だったのかもしれない。

北米の白亜紀層から発見されるアルケロンは甲長だけでも 2.2m 、全長は 4 m 近くにもなる巨大なウミガメだが、淡路島と同じ和泉層群が連なる香川県（阿讃山脈）からは、メソダーモケリスと思われる、復元すると全長 2.5m を超える巨大な骨格の一部が発見されている。メソダーモケリスの外観は、頭部などにも鱗がなく、柔らかい外皮に覆われた甲羅をもっていたと思われる。白亜紀のウミガメの仲間は限られた地層や範囲で発見されるケースが多く、現在のウミガメのように外洋に繰り出し汎世界的分布を示す種類はまだ知られていない。メソダーモケリスは、日本固有の化石ウミガメ種ともいえるだろう。

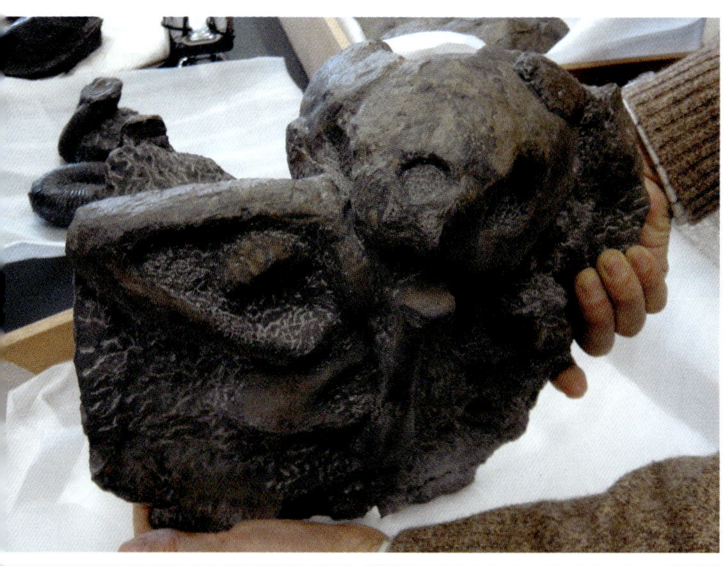

◀メソダーモケリスの頭骨が含まれる岩塊。下顎や大腿骨も含まれる。提供／松本浩司氏

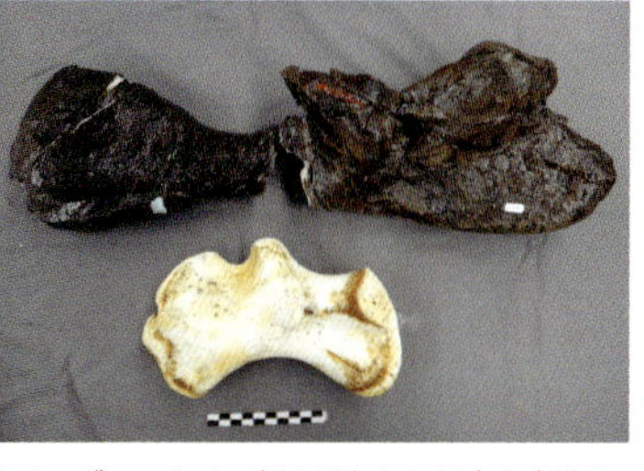

▲メソダーモケリス類と思われる巨大な大腿骨。香川県高松市（旧塩江町）の和泉層群から産出。現生する最大のウミガメ、オサガメの大腿骨（下）と比較するとその巨大さがわかる。提供／大阪市立自然史博物館

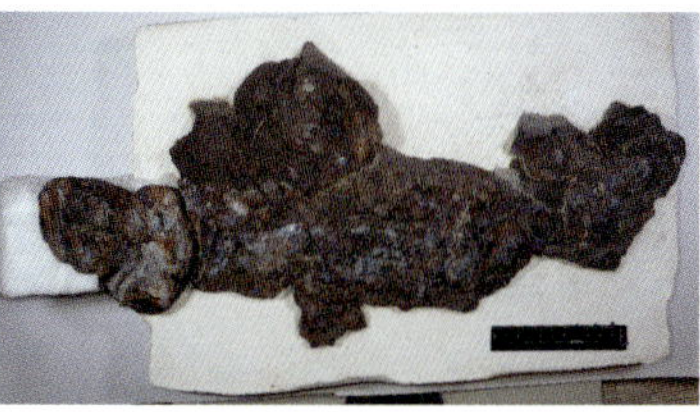

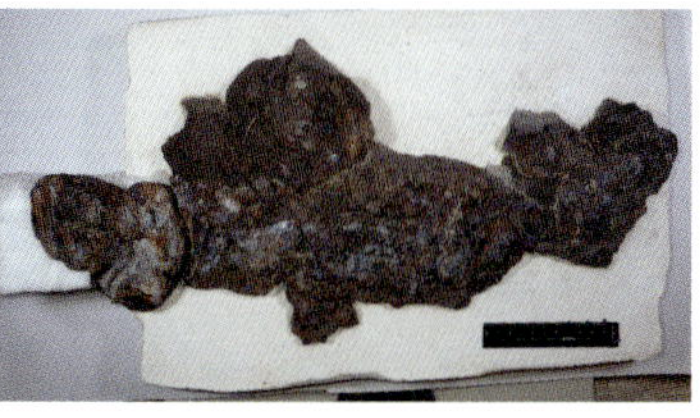

◀ギリクス。メソダーモケリスと同じ地層から発見された巨大な魚の化石。頭部から腹部にかけて見事に保存されている。提供／桔梗照弘氏

◀淡路島の和泉層群から発見されたモササウルス類の連続する尾椎の化石。提供／桔梗照弘氏

◀メソダーモケリスを産出した産地。厚い泥岩層で多数の化石を含む。立ち入り・採集は禁止されている

ハルキゲニたんの基礎古生物講座

「恐竜ってなに?」

ハルキゲニたんの……

ベストスマイル!!

どこがスマイルって聞かれても
顔がないカギムシだから許してぇ～w
じつは目も歯もあるんだけど、そういう細かいことはさておき、
とりま、今度は「恐竜」についてお話しさせてもらうよ～。

「恐竜」って言葉を知らない人って、まずいないとは思うんだけどさ～
実際の恐竜と一般的なイメージの恐竜はずいぶん違う感じ？

とりま大昔にいた巨大爬虫（はちゅう）類はオールひっくるめて恐竜！みたいなw
海を泳ぐクビナガリュウも～、空を飛ぶ翼竜（よくりゅう）も～、これ全部恐竜ってなことになってると、あたしは思うのよ。
一般ピープルたちの恐竜像はw

なかには恐竜は想像上の生き物と思ってる人もいるみたいでさ、
「怪獣」、最近では「モンハン[*1]」のモンスターとごっちゃになっちゃってるんじゃないかとw

じゃあ、実際の恐竜ってなに？って聞かれて、一言で「こうだ！」っていうのもなかなかねぇ〜、難しいもんなんだよね〜。

じゃあ、ここで恐竜の定義というものをいっちゃうよ。

「現生鳥類とトリケラトプス[*2]の最も間近の共通祖先X。その共通祖先Xから派生するすべての子孫」

読解力を求められる数学の問題か！って一瞬思っちゃうんだけどさ〜、
わかる人にはわかるシンプルな答え。
この答えを説明するのも長くなっちゃうんでさ、

うん。まあ、これはいいやw

ここでは、実際の恐竜と爬虫類はどこが違うかアバウトに説明しちゃうよ！

まずは爬虫類との違いとして、いちばんわかりやすいのは、
足の付き方だね。

爬虫類の足は、胴体から横へのびてて、のしのし地面を這うように歩くんだけどさ、
恐竜は、胴体からまっすぐ下に足がのびてる「直立姿勢」なんだよね。
この足の付き方だと、地面の上を歩くには効率よくてさ、軽やかに移動しやすいわけで、発達した運動能力をもっていたといわれてるね〜。

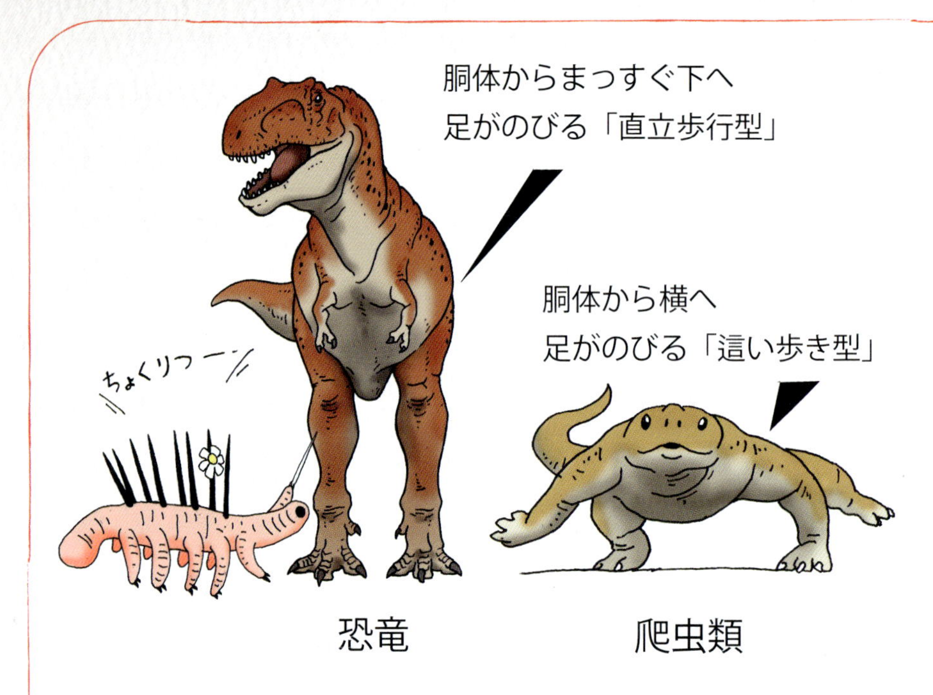

でさ～
爬虫類は外が寒いと体温が下がっちゃって、動きが鈍くなるか、はたまた動かなくなっちゃう「変温動物」なんだけど、
恐竜は哺乳(ほにゅう)類や鳥類とおんなじで、体の中から熱を生みだす能力をもっててさ、暑かろうが寒かろうがなんのその、体温をしっかりキープしちゃってる「恒温(こうおん)動物」なんだよ。

直立姿勢での運動能力の高さにくわえて、年中、活発に活動できたのね。
爬虫類みたく置物のようにじっとしてることはなかったと思うよ。

ただ恒温動物の欠点といえば、
体の中から熱を生みだすエネルギーって半端なくいっぱい必要でさ、
けっこうな量の餌を食べないとダメみたいだね。
爬虫類のように、何日も何も食べないですむってことにはならないみたいだよ。

ほんでさ、恐竜と鳥はほぼ同じ仲間っていっていいほど類縁関係つよくてさ～、
恐竜の一部では羽毛が生えていたことがわかってるんだよね。

恐竜は巨大爬虫類ってイメージあるけど、
哺乳類の仲間にゾウからネズミまでいるように、
恐竜の仲間でも種類によってその大きさはピンキリ。
いちばん小さな恐竜は「ミクロラプトル」かな。

ミクロラプトル
白亜紀バレミアン期（1億2940万～1億2500万年前）に生息した4枚の翼をもつ羽毛恐竜。全長80cmほど。

羽毛が生えてて、翼ももってるし、まるっきり鳥だね。こりゃw

大きな恐竜には羽毛が生えてる感じはなさそうだけど、
まあ、あれだ。
巨大爬虫類というよりも～、羽毛がハゲた巨大七面鳥と思ったほうがまだ近いかもね。
そんなわけで、恐竜は一般的に爬虫類に分類されてるけど、
鳥類の仲間に入れたほうがよさそうだね～。

おわりっw

＊1：ハンティングアクションゲーム「モンスターハンター」の略称
＊2：白亜紀末に北米に生息していた植物食恐竜

丹波竜と小さな生き物たち

PLACE 兵庫県丹波市
AGE アルビアン期？
STRATUM 篠山層群

兵庫県丹波市では、「丹波竜」と呼ばれる、全長15mほどと推定される国内最大級の大型植物食恐竜の、肋骨や連続した尾椎などがまとまって発見されている。当時、世界中に分布していた竜脚類ティタノサウルス形類の仲間である。木がまばらに立つ平原で、丹波竜はその長い頸をいかして高木の木の葉を食べている。その足元には雨季の訪れとともに地中からカエルたちが姿を現わし、ネズミのような姿の小さな哺乳類がそれらを獲物にしようとしている。

丹波竜と小さな生き物たち

①丹波竜（タンバティタニス・アミキティアエ）（竜脚類ティタノサウルス形類）／全長約 15m ／植物食／尾椎や血道弓などに特徴がある
②ササヤマミロス・カワイイ（真獣類〈哺乳類〉）／体長十数 cm ／体重 40 〜 50g ？／食性：昆虫など／ネズミくらいの大きさの動物
③カエルの仲間

2006 年、丹波市篠山川に広がる白亜紀前期（1 億 1000 万年前）の篠山層群と呼ばれる赤紫色の地層から竜脚類の連続した骨格が発見され、兵庫県立人と自然の博物館による大規模な発掘調査が、篠山川の水位が下がる冬場に 6 回にわたり実施された。この調査により、竜脚類の尾椎や腸骨、肋骨、バラバラになった頭骨の一部などのまとまった骨のほか、死んだ竜脚類を食すために集まったと見られる獣脚類（小型のティラノサウルス類やカルノサウルス類）や、テリジノサウルス類、鳥脚類の歯化石が発見されている。

通称「丹波竜」と呼ばれる竜脚類は、尾椎や血道弓（尾椎から出ている骨）などがほかの属種とは違う特徴をもつことから、2014 年にティタノサウルス形類の新属新種「タンバティタニス・アミキティアエ」（属名は「丹波の巨人」、種名は「〈発見者 2 人の〉友情」の意）と名づけられた。推定全長 15m ほど。

丹波竜とともに曲竜類の歯、カエルの骨格化石、複数種の恐竜の卵殻化石が発見されており、卵殻化石の一種は新種として「ニッポノウーリサス・ラモーサス」と名づけられている。また篠山層群の他産地から、小型の獣脚類のディノニコサウルス類、角竜類のネオケラトプス類、多数の小型のトカゲが発見されており、トカゲの一種は新種として「パキゲニス・アダチイ」と命名された。

また特筆すべきは、小型哺乳類（真獣類）の国内最古の下顎化石が発見され、新属新種「ササヤマミロス・カワイイ」と名づけられたことだ。現在生息している哺乳類の大部分は真獣類に属するが、ササヤマミロスはその初期のものであり、恐竜時代である白亜紀に現在の我々人類の遠い祖先がどのようなものであったかを教えてくれる化石である。

丹波竜が生息していた白亜紀前期の丹波周辺は、小さい葉をもつ植物がまばらに生える、乾燥した気候環境（雨季もある）だったと考えられている。

丹波竜周辺の生物相は、同じく白亜紀前期の恐竜化石が発見される、中国甘粛省周辺に分布する地層から産出する恐竜などの動物群との共通性が指摘されている。

▲丹波竜の発掘現場。赤紫色の泥岩(でいがん)の地層の中に丹波竜の連続する尾椎が埋まっている

▲断面がD字型の特異な形状をもつティラノサウルス類の前端部の歯

▲丹波竜の尾椎。特異な尾椎形状をもつ

▲小型の真獣類、ササヤマミロスの見事な下顎化石

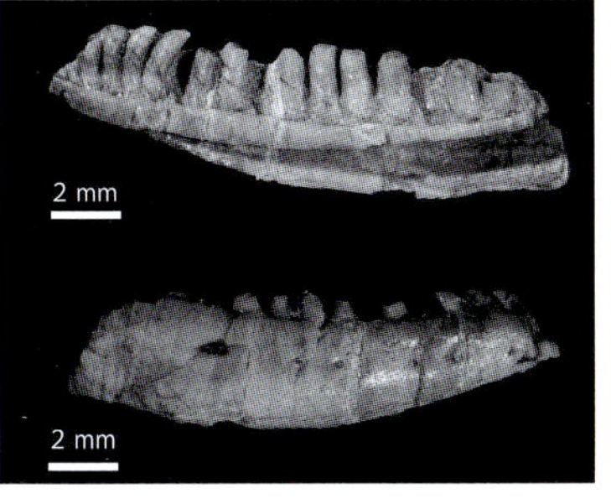

▲トカゲの下顎化石

◀カエルの全身骨格化石。篠山層群からは保存のよいカエルの化石が多数発見されている

写真はすべて兵庫県立人と自然の博物館提供

古生物造形の匠(たくみ)

古田悟郎(ふるたごろう)さん（海洋堂 原型師）

大阪府門真(かどま)の地から、チョコエッグシリーズで食玩(しょくがん)というジャンルを作りだし、フィギュアをはじめとするさまざまな分野で、精密ですばらしい造形物を世に送りだしている企業、株式会社海洋堂。

多数の花形原型師を抱える海洋堂の中でも、古田悟郎さんは、特に爬虫(はちゅう)類・両生類の造形を得意とし、その実力は間違いなく世界トップクラス。恐竜などの古生物の造形も大得意な分野だ。

古田さんのすごさは、鱗(うろこ)1枚にいたるまで徹底(てってい)的にこだわり、生き物が本来もっている微細(びさい)な構造をフィギュアに再現する造形力だ。リアルさへのこだわりから、自宅ではたくさんの世界各国のめずらしいカメやトカゲなどを飼育している。生き物たちの細かい動作をつぶさに観察し、フィギュアに、彼らがもつ息吹(いぶき)や瞬間(しゅんかん)の表情を、よりドラマティックに色彩豊かに見事に再現する。

2014年夏、彼の代表作「マチカネワニ」の生態復元モデルが大阪大学総合学術博物館に常設展示されることになった。まさに、生きているかのようなそのすばらしい造形に、来場者は思わず息をのんで立ち止まる。特にワニの瞳(ひとみ)には、つぶらだが鋭い眼光と凄(すご)みがたたえられている。この目力(めぢから)こそ彼の造形の真骨頂(しんこっちょう)だ。

彼は今、古生物造形の世界で最も注目を浴びるアーティストといえよう。

本書でその古生物作品の一部を公開する。

海洋堂本社の作業所兼デスク前にて。
手にしているのは古田さんご自身の作品、ウミサソリ（スティロヌルス）

マチカネワニの復元モデル。
大阪大学総合学術博物館のエントランスに常設展示。
第７上顎歯が大きく、背中の鱗板骨（りんばんこつ）が平らであるなど、マチカネワニの特徴を微細に再現

本来のマチカネワニの生息環境に近い淀川で撮影。
自然の中に置くと、生きているようなリアルさがある

白亜紀の北海道に生息していた古代リクガメ、アノマロケリス。
幼体を想像して作成した作品

▶60ページ
中国産羽毛恐竜シノルニトサウルスの復元モデル
▶61ページ
モササウルス類の復元モデル。和歌山県立自然博物館所蔵。サメのような尾びれを再現。首を思いきりねじり、獲物を追う躍動的なポーズである。下は頭部分のアップ

三重県鳥羽市では、「鳥羽竜」と呼ばれる全長16～18mと推定される大型植物食恐竜の化石が発見されている。白亜紀に世界中でよく見られた竜脚類ティタノサウルス上科の仲間である。また、イグアノドン類と思われる植物食恐竜の足跡化石も発見されている。この鳥羽竜やイグアノドン類が発見された松尾層群からは、ニルソニアやザミテスなどさまざまな植物化石が産出されることから、植物食恐竜にとって豊富な餌資源があったと思われる。

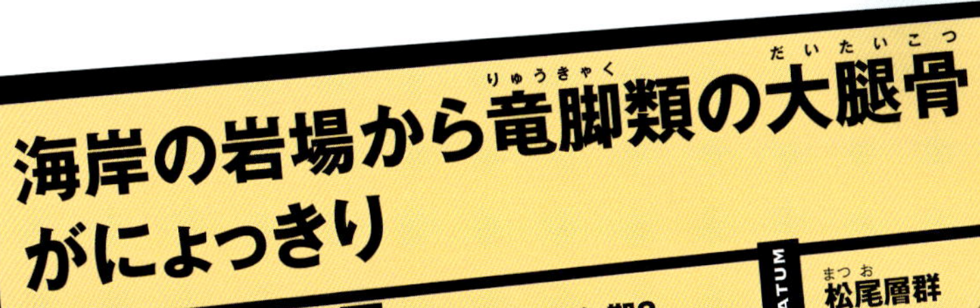

海岸の岩場から竜脚類の大腿骨がにょっきり

PLACE 三重県鳥羽市

AGE バランギニアン期?

STRATUM 松尾層群

海岸の岩場から竜脚類の大腿骨がにょっきり

①鳥羽竜（竜脚類ティタノサウルス上科）／全長16～18m／植物食／アパトサウルスなどに似た外観
②イグアノドン類（鳥脚類）／植物食／足跡のみが発見されている

1996年、三重県鳥羽市安楽島町の海岸に分布する、白亜紀前期（約1億3800万年前）の地層（松尾層群）から、恐竜（竜脚類）と思われる大型の骨化石が発見され、「鳥羽竜」という呼称が与えられた。その後、海岸地層からの発掘作業・岩石中からの化石の摘出作業（クリーニング）の進展とともに、化石の学術的研究も進んだ。

保存されていた部位は、尾椎、左右の上腕骨や大腿骨などだ。研究の結果、ティタノサウルス上科の竜脚類ということまでは判明（アパトサウルスなどの体格に近い？）しており、推定全長は16～18mほどと考えられている。

また竜脚類化石の発見現場近くの露頭には、イグアノドン類と考えられる鳥脚類の足跡化石が連続して地層面に残されている。

化石を産出した地層からは、川の河口など淡水と海水が入りまじる場所特有の牡蠣や、ハヤミナなどの二枚貝化石のほかに、淡水生のサメの歯化石、シダ類などの植物化石も産出している。恐竜の死骸が河川から浅海域に流され、土砂が堆積して地層中に保存されたと考えられている。

松尾層群からはオニキオプシスなどのシダ類のほか、ニルソニアなどのソテツの仲間、ザミテスなどベネチテスの仲間の植物化石が知られている。特にベネチテスの仲間は、ソテツ類に形状は似ているが葉が柔らかく、植物食恐竜の主食であったのかもしれない。

◀松尾層群の他産地からは、シダ類やベネチテス類そしてニルソニアなどのソテツ類などの植物化石が発見されている。写真は中国河南省産ジュラ紀のニルソニア類。提供／三重県総合博物館

◀左：発掘された鳥羽竜の骨の中では最大の標本。右大腿骨の化石。保存部分だけで128cmにもなる
◀右：1996年の発掘調査後発見された追加部位。左大腿骨近位部の化石
ともに、提供／三重県総合博物館

▲鳥羽竜化石を産出した露頭。満潮時には海面下になる場所で、発掘は困難をきわめた

▲ハヤミナ（二枚貝化石）。鳥羽竜を産出した泥岩（でいがん）中には多数の二枚貝化石が含まれていた。殻長3cmほど

プログナソドンアタック

PLACE 大阪府泉南市 AGE マーストリヒチアン期 STRATUM 和泉層群

大阪南部の和泉山脈では、プログナソドン属の近縁種とされるモササウルス類の化石が発見されている。推定10mにも及ぶ大型海生爬虫類である。モササウルス類はオオトカゲの仲間から海に適応した仲間で、魚類や海生爬虫類などを捕食する貪欲な海のハンターであった。当時の海では、シャチがアザラシを襲うように、モササウルス類がクビナガリュウの仲間であるポリコティルス類を丸呑みにする光景が見られたかもしれない。

プログナソドンアタック

①プログナソドン属の近縁種（モササウルス類）／全長 10m 以上／食性：大型魚類やウミガメ、ポリコティルス類のようなクビナガリュウなどの脊椎動物／頭部が大きく、比較的短い強力な顎をもつ
②ポリコティルス類（長頸竜類）／全長 3 ～ 5m ほど／食性：アンモナイトや魚類／吻部が細長く、頸が短い

四国から淡路島を経て大阪南部に連なる和泉層群は白亜紀末期に堆積した地層で、その地層中からは、多数のモササウルス類の化石が発見されている。香川県に分布する和泉層群（カンパニアン期）からは、コウリソドン属に似た小型のモササウルス類の仲間の顎を中心とする頭部化石が発見されている。また淡路島（カンパニアン期～マーストリヒチアン期）からは、中型～大型（6 m 前後の個体）の脊椎骨や歯の化石などの部分的な骨格が見つかっている。

さらに淡路島から和泉層群が連なる大阪南部の和泉山脈（マーストリヒチアン期）からは、著者（宇都宮）が 2010 年に発見したモササウルス亜科のプログナソドン属近縁種（推定全長 10m 以上、頭骨だけでも 1 m 以上）の強大な顎化石（昭和池標本）のほか、推定全長 6.5m ほどのモササウルス属の顎を中心とした頭部化石などのまとまった化石（蕎原標本）が発見されている。またプリオプラティカルプス亜科に似たモササウルス類の歯化石も発見されており、日本周辺の白亜紀末期の海洋はモササウルス天国であったことがうかがえる。

海外のモササウルス類化石の腹部からは、クビナガリュウの仲間のポリコティルス類やウミガメの仲間などが発見されており、白亜紀末期の海中でトッププレデターだったモササウルス類の貪欲な食生活が彷彿とさせられる。

ポリコティルス類と思われる化石や、メソダーモケリスと呼ばれるウミガメの化石は和泉層群でも発見されており、当時のモササウルス類の捕食の対象になっていたのかもしれない。なお、同じクビナガリュウでもエラスモサウルス類をモササウルス類が捕食した証拠は見つかっていない。

▲プログナソドン属の近縁種を産した泉南市昭和池

◀プログナソドン属の近縁種と思われるモササウルス類の顎化石。2014年に歯冠部分が追加発見され、10mを超える大きな全長であったことが判明した（70ページのコラム参照）。提供／きしわだ自然資料館

▲コウリソドン属に似るモササウルス類の歯のクローズアップ。鋭い歯が並ぶ。提供／きしわだ自然資料館

▲香川県さぬき市多和兼割から産出したコウリソドン属に似た小型のモササウルス類の顎化石。提供／きしわだ自然資料館

▲モササウルス類の下顎化石（レプリカ）。左右31cm。大阪府貝塚市蕎原産。提供／きしわだ自然資料館

▲和泉山脈で初めて発見されたモササウルス類の歯化石。和歌山県橋本市柱本産。提供／大阪市立自然史博物館

COLUMN［コラム］

再会したプログナソドンの2つの顎化石

ひとつの発見や研究の発表によって、次なる重要な発見やアイデアが生まれることがある。

2010年に著者（宇都宮）が大阪府泉南市山中の白亜紀層から発見し、2012年、カナダのブランドン大学のモササウルス類の権威、小西卓哉博士、宇都宮らによって論文として発表された巨大なプログナソドン属近縁種（モササウルスの仲間）の顎部位の追加標本が、私立灘高等学校の生徒、村尾光太郎さんと三島慶彦さんにより発見された。

村尾さんらは2014年9月、灘高の地学研究部の行事で泉南山中の小川沿いで転石の調査を進めていた。引率した地学部顧問の野村敏郎教諭によると、当初の目的は泥岩の中で結晶するドーソン石という鉱物の採集だったが、直前に近畿地方を襲った台風による大雨で、沢の土石が流され、多くの化石を含む岩石が見られたことから急遽、化石探索に主目的を切り替えて調査したそうだ。そうしたところ、不思議な形状の転石を三島さんが発見し村尾さんに譲った。

後日、『日本の恐竜図鑑』（築地書館）や2012年の論文とつき合わせ、記載された標本とそっくりであることに気づき、博物館に持ちこんだところ、2010年標本の顎化石の割れ口とピタリと重なることが確認された。4年の歳月を経て、2つに分かれたプログナソドン属近縁種の顎は再会したのである。発見された新しい部位への考察は、2015年の日本古生物学会でポスター発表（高校生部門）された。

この追加発見により、頭骨だけでも1m以上、全長は10mを超える巨大な体躯であることが、改めてはっきりした。これは、国内で発見されたモササウルス類の中でも最大級と考えられている。どうやら右下顎（歯骨）の一部であるようだ。今後CTスキャンや海外のプログナソドンとの比較などにより、化石内部を含む詳細な調査・研究が進展する予定だ。

白亜紀末期の海の覇者の全体像を知るうえで、重要な追加資料となった。

上部3分の1ほどが追加発見の部位。下は宇都宮が2010年に発見した標本の3Dプリンターで作成したレプリカ。2つの標本がぴたりと再会した、その瞬間だ

恐竜の骨も薬になる?

伊藤 謙さん(京都薬科大学 兼 大阪大学総合学術博物館)

伊藤謙さんの専門は生薬・漢方を中心とした薬学の研究だ。特に漢方の中でも石薬(化石鉱物由来生薬)への造詣が深い。それは彼が幼少時代に薫陶を受けたのが、著名な漢方薬剤師でありながら正倉院御物(特に石薬)の調査にもたずさわった、鉱物・化石研究の巨人、益富寿之助博士(1901-1993。京都薬科大学卒業、京都大学薬学博士)であるからだ。益富翁が設立した公益財団法人益富地学会館(京都市上京区)で、伊藤さんは石の不思議さ奥深さを学んだ。かくいう、私、宇都宮も益富翁から薫陶を受けた一人である。

益富翁からの学びが、伊藤さんが現在進める石薬研究にいかされている。特に注力して研究しているのが「竜骨」。太古の生き物の化石骨を煎じて薬として服用するものであり、精神科用薬(柴胡加竜骨牡蛎湯などに配合)として汎用されてきた。実際、竜骨を含む処方は保険適用も受けており、厚生労働省も認める「医薬品」なのだ。竜骨は哺乳類の化石化した骨とされているが、恐竜の化石骨も使えそうだ。なぜこれが病に効くのか、彼の興味はつきない。

さらに伊藤さんの興味の対象は、歴史に埋もれつつあった「本草学」にも及ぶ。江戸時代"石の長者"といわれ、『雲根志』を著した木内石亭(1725-1808)の研究もそのひとつである。たとえば近代以前の日本では、巨大サメ、カルカロクレス・メガロドンの歯の化石は、「天狗の爪」として信仰の対象にすらなっていたのだが、石亭は魚類の歯であると『雲根志』の中で指摘し、その産地についてまで言及している。明治期以降の西洋から導入された地質・古生物学は「本草学」を否定し、欧米の学問によって立脚したかのようにふるまっているが、その実態は本草学者の厖大な知のデータベースがあって初めて成立し得たはず、と彼は喝破する。

大阪大学総合学術博物館2013年夏期企画展で展示されたメガロドンの歯化石(左下)と、それについて記した『雲根志』(右下)とメガロドンの復元図(上)

伊藤さんは、歴史文化工学会という境界領域研究を目的とする学会を、安冨歩教授(東京大学東洋文化研究所)らと立ち上げたが、益富翁からの学びと最先端科学という、新旧織りまぜた新しい視点で化石を見る今後の研究に目が離せそうにない。

モササウルス類の死骸に群がるサメ

PLACE 和歌山県有田川町鳥屋城山　AGE カンパニアン期　STRATUM 外和泉層群

和歌山県の鳥屋城山中腹では、国内で最も完全に近い状態のモササウルス類の骨格が発掘されており、そこには大量のサメの歯が確認されている。暗く深い海の底に横たわるモササウルス類の死骸にどこからともなく群がる深海ザメやグソクムシの仲間。不毛な環境の深海でこのような大きな死骸が海底に沈むと、深海生物にとってのオアシスになるのである。

モササウルス類の死骸に群がるサメ

①モササウルス類／全長６ｍ弱？／食性：魚類や頭足類、ウミガメの仲間など
②サメ／全長 1.5m ほど／モササウルス類の腐肉を食べたのか、歯化石が多数発見されている／ツノザメの仲間
③パキディスカス・アワジエンシス（アンモナイト）／殻長 15cm 弱／淡路島で発見されるものと同じ種類

みかん畑があたり一面に広がる、和歌山県有田平野にそびえる鳥屋城山中腹の白亜紀層から、2006 年、古生物学者の御前明洋氏により発見されたモササウルス類の化石は、その後、和歌山県立自然博物館の小原正顕学芸員の指揮のもと、発掘・クリーニング作業が進み、2014 年末現在、連結した脊椎骨や足ひれ、まとまった頭部化石などが、続々と岩石（泥岩）中から削りだされつつある。国内で発見された、最も完全に近い骨格がそろったモササウルス類化石として、注目を集めている。

このモササウルス類骨格化石の周辺からは、多量（30 個を超える）のサメの歯化石が発見されている。その特徴から、現生するツノザメやシロザメに近い仲間と思われるが、モササウルス類の死骸が比較的深い海底に沈み、泥に覆われるまでに、横たわった（右下横向き）その体を、多数のサメたちがついばんだものと思われる。

サメの全長は 1.5m ほどの小ぶりだったと考えられ、生きているモササウルス類を襲うほどではなかっただろう。周辺からは、白亜紀カンパニアン期を示すアンモナイト（パキディスカス・アワジエンシス）の化石も発見されている。

現生の深海底でも、クジラなどの大型動物の死骸周辺に、それを食べる大小さまざまな生き物（サメ類やオオグソクムシ、ゾンビワームとも呼ばれるホネクイハナムシなど）の群集が形成されることが知られているが、当時の海底でも同様の光景が繰り広げられ、サメによる摂食が、大型生物分解のきっかけになったと思われる。

サメ（クレトラムナ）による摂食跡が確認される大型脊椎動物の化石標本は、福島県いわき市の双葉層群で発見されたクビナガリュウ（フタバサウルス）でも知られている。

▲モササウルス類の上半身部分の骨化石の産状（レプリカ）。和歌山県立自然博物館所蔵

▲モササウルス類の顎（あご）の上に並ぶ鋭い歯

▲クリーニングにより岩から分離されたモササウルス類上半身の化石。提供／和歌山県立自然博物館

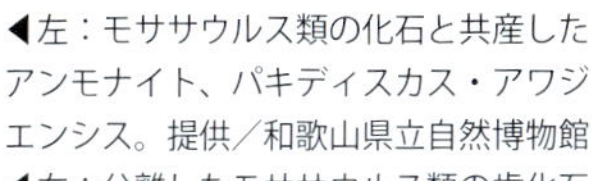

◀左：モササウルス類の化石と共産したアンモナイト、パキディスカス・アワジエンシス。提供／和歌山県立自然博物館
◀右：分離したモササウルス類の歯化石

◀左：モササウルス類の化石の周辺から多数産出したツノザメの歯化石。提供／和歌山県立自然博物館
◀右：現生のツノザメの顎標本。提供／和歌山県立自然博物館

COLUMN［コラム］

化学合成生物による竜骨群集の研究

ロバート・ジェンキンズさん（金沢大学）

ジェンキンズさんは、研究テーマのひとつとして、中生代のクビナガリュウ類の化石周辺から発見される化学合成生物の生態系と、その進化の解明に取り組んでいる。

現在の深海底でも、クジラなどの大型生物の死骸に、腐敗で生じた硫化水素をエネルギー源にするバクテリアが繁茂する。

そのバクテリアを栄養源にする特殊化した動物（貝や甲殻類の仲間）たちが生態系を形作るが（鯨骨群集と呼ばれている）、どうやら白亜紀の海洋底ではクジラの代わりにクビナガリュウ類がその生態系の依代になっていたようだ。

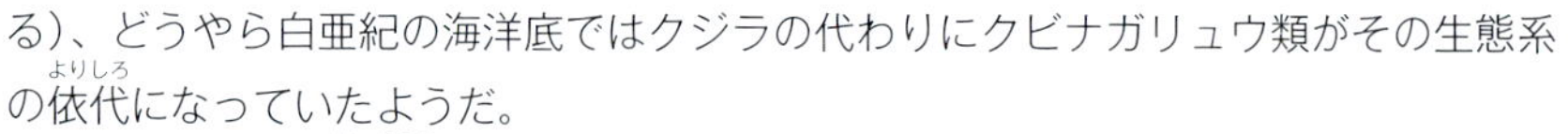

その生態系は「竜骨群集」と呼ばれている。

竜骨群集を構成していた生き物は、ハイカブリニナ類やシンカイサンショウガイ類、キヌタレガイ類など、深海の熱水噴出孔などに生息する特殊化した二枚貝や巻貝の仲間である。一部はバクテリアを体内に飼ってエネルギー源としている。その代表例であるチューブワームにいたっては、口や肛門すらもたない。

クジラやクビナガリュウ類の死骸も、熱水も、ともに硫化水素が充満した極限環境である。

ジェンキンズさんは、深海底の熱水噴出孔という超極限環境に生息する生物群集も、もとは鯨骨群集から移行したとする「進化の飛び石仮説」を発展させ、竜骨群集こそが動物が超極限環境へと進出していった足がかりになったと考え、研究を進めている。太古の世界、好熱菌の仲間がまず進化をとげた。生命は熱水噴出孔から生まれたのではないかとの説もある。

ジェンキンズさんは石川県能登七尾湾を望む研究施設で、実際に海底にすむ現在の生物群集を観察しながら、太古の化石から新たな情報を引き出そうとしている。

白亜紀の熱水噴出孔の調査のために行ったオマーンで。白亜紀の海洋地殻を目指しているところ

COLUMN ［コラム］

白亜紀の昆虫化石

昆虫は、現在地球上で最も繁栄(はんえい)している生物群のひとつといえよう。しかし、化石で発見される昆虫はとても少ない。

昆虫は古生代デボン紀に地上に現われ大繁栄をとげた。

その後、中生代に入ってから、現在の昆虫につながる多くのグループが現われる。

特に、白亜紀後期以降の顕花(けんか)植物の隆盛(りゅうせい)で、花をめぐりながら受粉の媒体(ばいたい)となる、すなわち植物と共存する新たな形態の昆虫たちも地上に出現したと考えられている。

しかし、昆虫は化石として残りにくい。

琥珀(こはく)の中や、酸素(さんそ)が少なく微生物(びせいぶつ)による分解が進みにくい環境で堆積(たいせき)する地層の中など、限定された条件でしか化石として残らない。

アンモナイトをたくさん産出する北海道の白亜紀後期の地層からも、わずかではあるが甲虫(こうちゅう)の仲間などを中心に昆虫化石が発見されている。

おそらく、流木(りゅうぼく)などについた昆虫が、河川から海洋に押し流され、海底に埋(う)もれ、化石化したものと思われる。とてもめずらしい産状で、貴重な資料といえるだろう。

昆虫の腹部と思われるものの化石。北海道羽幌(はぼろ)産。サントニアン期。左右0.4mm。提供／森木和則氏、撮影／森伸一氏

甲虫の羽根と思われるものの化石。北海道羽幌産。サントニアン期。長さ0.5mm。提供／森木和則氏、撮影／森伸一氏

ガムシに似た外観の甲虫。体長3.4cm。北海道三笠産。提供／横井隆幸氏

とげとげパンクなアンモナイトが群れる海

PLACE 和歌山県湯浅町（ゆあさちょう）　AGE バレミアン期　STRATUM 有田層（ありだ）

海中をベレムナイトの群れは速いスピードで泳ぎ去っていく。ベレムナイトはイカによく似た頭足類（とうそくるい）で、体内に石灰質（せっかいしつ）の殻（から）をもっている。海底とその付近には、解けたようにゆるい巻きをした殻をもつクリオセラティテスやシャスティクリオセラス、現在では深海に生息するグソクムシと同じ仲間であるパラエガや、アカザエビの仲間ホプロパリアがいる。

とげとげパンクなアンモナイトが群れる海

①クリオセラティテス（アンモナイト）／殻長約10cm／ゆるくほどけた殻の表面に棘をもつ▶②シャスティクリオセラス（アンモナイト）／殻長約5～10cm／ゆるくほどけた殻をもつ▶③パラエガ（等脚類）／体長3～4cmほど／グソクムシなど等脚類の仲間▶④ホプロパリア（甲殻類）／体長10cm～／アカザエビ科の一種▶⑤ベレムナイト（頭足類）／体長約30cm／食性：魚など／イカに似た外観。体内に石灰質の殻をもつ

和歌山県中部に位置する湯浅町（ゆあさちょう）付近には、白亜紀前期（約1億3000万年前）ごろ海底に堆積（たいせき）した有田（ありだ）層という地層が分布しており、異形（いぎょう）巻きアンモナイトや甲殻（こうかく）類を中心に、多様な海生生物の化石が発見されている。

特にアンモナイトは、ゆるく巻いた殻（から）をもつアンキロセラス超科の、ヘテロセラスやクリオセラティテス、シャスティクリオセラスなどを特徴的に産出する（これらのアンモナイトは、徳島県に分布する羽ノ浦（はのうら）層や、群馬県の山中（さんちゅう）層群、宮崎県五ケ瀬町（ごかせちょう）などからも発見されている）。

アンモナイトと同じ頭足（とうそく）類の仲間としては、イカに似たベレムナイトの房錘（ぼうすい）（イカの甲のような内臓の外側にある石灰質の殻）の化石も発見されている。また同じ海中には、甲殻類の仲間も多数生息しており、現在のアカザエビの仲間ホプロパリアや、魚類に寄生するタイノエに似た外観のパラエガと呼ばれる等脚（とうきゃく）類の仲間などの化石も発見されている。

魚類としては、同じ地層からプロトラムナと呼ばれるネズミザメの仲間の歯化石も見つかっている。パラエガはサメに寄生していた可能性も高いと著者（宇都宮）は考えている。

▲湯浅町の化石産地。白亜紀前期の貴重な化石を産出した露頭（ろとう）。通常は採集禁止だが、和歌山県立自然博物館の採集行事開催時のみ採集が可能

▲シャスティクリオセラス。巻きの間に隙間のあるアンモナイトの仲間。長径 5.4cm

◀ヘテロセラス。小さな塔状の巻きのあと、大きな住房が垂れ下がる異形巻きアンモナイトの仲間。端から端の一番長いところで 3.3cm

▲プロトラムナ。現代型のネズミザメの仲間の歯化石。歯根からの高さ 1.2cm

▲ホプロパリア。現在のアカザエビに似た甲殻類の仲間。頭胸甲と腹部

▲パラエガ。グソクムシやタイノエのような等脚類の仲間。サメなどに寄生していたのかもしれない

写真はすべて和歌山県立自然博物館提供

巨大獣脚類が潜む森

PLACE 石川県白山市（旧白峰村）目附谷　**AGE** バレミアン期～アプチアン期？　**STRATUM** 手取層群

石川県白山市の手取川では、肉食恐竜の巨大な歯化石が発見されている。その歯の長さは8.2cmにも及び、国内最大級だ。発見されているのは歯化石のみでその全体像は不明であるが、その歯の特徴と大きさから推測して、全長8.5m以上の獣脚類カルカロドントサウルスに近い仲間と考えられている。手取層群からは保存状態のよい植物化石も発見されており、植物食恐竜たちの餌資源が豊富だったことを思わせる。

巨大獣脚類が潜む森

①獣脚類／全長 8.5m 以上／肉食。おもに植物食恐竜を捕食していたと考えられている／国内最大級の獣脚類
②ニルソニオクラドゥス・ニッポネンシス（裸子植物門ソテツ綱）／ジュラ紀後期から白亜紀前期（約 1 億 4000 万年前）に繁茂した植物。つる植物だったと考えられている

石川県白山周辺には、ジュラ紀後期から白亜紀前期にかけて堆積した、手取層群と呼ばれる地層が幅広く分布している。多くの恐竜やカメ類のほか、小型の哺乳類化石を産出した桑島化石壁を構成する桑島層のあとの時代に、石英の粒が固まってできたオーソコーツァイトの礫を多数含む赤岩層の堆積があったことが地層の調査から知られている。赤岩層には礫層だけでなく、多数の植物や淡水生のタニシや二枚貝などの化石を含む泥岩層も、部分的に含まれている。著者（宇都宮）が 2006 年に発見した巨大な獣脚類の歯化石も、この赤岩層からの産出物だ。

産出は歯のみであるため全体像は不明だが、エナメル質表面の皺などの特徴から、カルカロドントサウルスなどの獣脚類との類似性が指摘されている。

手取層群を代表する植物化石産地として、桑島化石壁のほか、目附谷が有名だが、そこは白山山中の手取川支流の上流で、急峻な山中に現われたガレ場（がけ崩れした岩場）で、保存状態のよい多数のイチョウ類、シダやソテツの仲間の化石が産出する。特にソテツの仲間では、テトリア・エンドイやクテニス・ブレイエンシス、そして、ニルソニオクラドゥス・ニッポネンシス（つるのような枝のところどころから短い枝がのび、それに多数の葉がついていた）など、謎とされていた植物の生態復元が可能な化石標本や新種記載のもととなる多数の標本が得られ研究されている。

❶目附谷の産地露頭（手取層群石徹白亜層群）。白山山中の急峻な岩場に多数の植物化石を産する露頭がある。山中で一泊しないと行きつけない秘境だ。1987年8月10日山崎慶寿氏撮影。提供／小松市立博物館

❷1961～65年ごろの目附谷化石産地。撮影者不明。提供／小松市立博物館

❸手取層群赤岩層由来の転石から産出した、巨大な獣脚類の歯化石。8.2cm。先端まで保存された標本としては国内最大で最も美しい標本だ。先端に咬耗面が見える

❹赤岩層産シダ類の仲間の化石

❺獣脚類の歯化石を産出した岩塊から共産した淡水生二枚貝、テトリニッポノナイア

❻ソテツの仲間、テトリア・エンドイ。目附谷産。提供／小松市立博物館

❼ニルソニオクラドゥス・ニッポネンシス。目附谷産。葉の部分の様子がよくわかる。提供／小松市立博物館

COLUMN［コラム］

プレートとともに移動してきた南の森

手取層群赤岩層から産出した、ゼノキシロンと呼ばれる針葉樹の幹が珪化木化した化石。年輪が残されており、生息当時、明確な季節があったことがわかる

ザミテスの葉化石。和歌山県湯浅町産。領石型植物群。ベネチテス類の仲間

ニッポノプティロフィルムの葉化石。和歌山県湯浅町産。領石型植物群

日本の白亜紀前期の地層から産出する植物化石をよく調べてみると、産地によって大きく2つのタイプの植物群が存在していることがわかる。

1つの植物群は、手取(てとり)層群に代表される内帯と呼ばれる日本海寄りの産地から産出する植物化石群。

多くのシダの仲間や、つる状の植物ニルソニア、テトリアなどのソテツの仲間、マキやイチョウのほか、珪化木(けいかぼく)化した巨大な針葉樹の幹も発見されており、その断面には年輪も残されている。

これらの化石から、白亜紀当時のこの地域は、季節がある湿潤(しつじゅん)な暖温帯性の気候であったことがわかる。

これらは手取型植物群と呼ばれ、白亜紀当時は中国大陸北部まで続いていたと考えられている。

もう1つの植物群は、外帯と呼ばれる太平洋寄りの四国の高知県や和歌山県などの白亜紀層からおもに発見されるもので、領石(りょうせき)型植物群と呼ばれている。

領石型植物群は、マトニア科のシダや、多様なザミテスなど、低木で厚い葉をもつ植物化石が多く見られ、手取型植物群に見られるような、イチョウや広葉球果目(きゅうかもく)に属する植物が少ない。

おそらく亜熱帯から熱帯の比較的乾

燥した地域に生息していたと考えられる。

ではなぜ、白亜紀前期という同じ時代の地層なのに、日本海側と太平洋側とで異なる植物群の化石を産出するのだろうか。

これはプレートの動きと関係してくる。

日本はユーラシアプレートとイザナギプレートの境界に位置しているため、もともと今の中国南部あたりに分布していた南の森（領石型植物群）が、イザナギプレートの北上にともない、長い年月をかけて現在の位置まで移動したのである。

おそらく、植物食恐竜もその食性に合わせて、違う種類が生息していたことだろう。

赤い線はユーラシアプレートとイザナギプレートの境界。今の日本の太平洋側は南の熱帯地方に位置していた

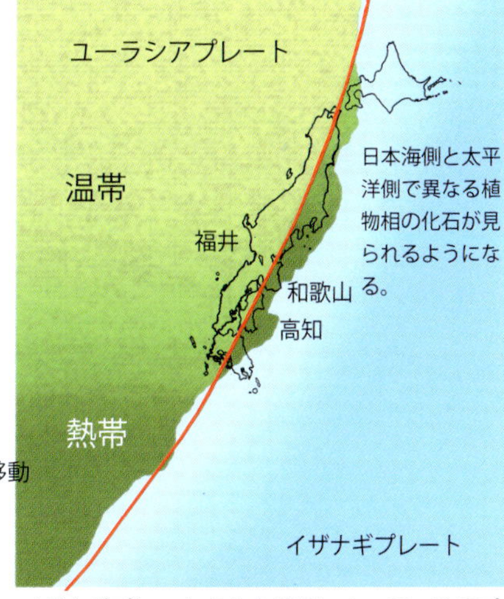

イザナギプレートの北上移動によって、そのプレートに載っている日本の太平洋側も北へ移動。その結果、日本の太平洋側と日本海側で異なる植物相の化石が出土されるようになった

恐竜の足元の生き物たち

PLACE 石川県白山市（旧白峰村）

AGE オーテリビアン期〜バレミアン期？

STRATUM 手取層群桑島層

約1億3000万年前、ヘビの仲間がまだ現われていない時代であったが、その祖先となるドリコサウルス類が生息していた。またスッポンやリクガメの仲間、ワニの姿に似たネオコリストデラ類など、さまざまな爬虫類が息づいた湿地帯であったようだ。ほかにもアルバロフォサウルスと呼ばれる恐竜や、ハクサノドンと呼ばれる小さな哺乳類などが生息しており、その多様性をうかがい知ることができる。

恐竜の足元の生き物たち

①ハクサノドン（哺乳類）／体長約25cm／食性：昆虫類など？／ネズミに似た姿で三錐歯をもつ▶②ネオコリストデラ類（淡水生爬虫類）／全長1～2m／食性：魚など／ワニに似た細長い口をもつ▶③アルバロフォサウルス（周飾頭類）／全長約1.3m／植物食／角脚類の恐竜▶④カガナイアス（ドリコサウルス類）／全長40～50cm／ヘビの起源と考えられている▶⑤スッポン上科（カメ類）／食性：魚など

石川県白山市（旧白峰村）、手取湖の湖畔に地層面をあらわにした崖がある。シダやイチョウなど、多量の植物化石や、タニシやイシガイなど淡水生の貝類化石を含むこの崖は、桑島化石壁と呼ばれ、約1億3000万年前に河川で堆積した地層と考えられ、桑島層と名づけられている。

この化石壁の裏を通るトンネル工事の際に、岩石中から植物・貝化石以外の多数の脊椎動物の化石も発見された。多数のカメ（リクガメ上科、スッポン上科、シネミス科）化石のほか、トカゲ類や、脚が退化した世界最古のヘビの祖先（ドリコサウルス類）と考えられるカガナイアスや、ワニに似た姿をしたネオコリストデラ類、角竜類と鳥脚類の共通先祖かもしれないアルバロフォサウルスの化石など、爬虫類の化石も発見されている。

また、昆虫を好んで食べたと思われる三錐歯（3つの円錐形の突起のある形状をした臼歯）をもつハクサノドンをはじめとする小型の哺乳類のほか、獣弓類と呼ばれる哺乳類型爬虫類トリティロドン類の歯の化石も多数発見されている。

そのほか、この化石壁からは世界最古のアロワナ類をはじめとする豊富な新種の魚類化石など、多数の貴重な化石が発見され、現在も研究が進められている。

▲桑島化石壁。多くの白亜紀化石を産出した露頭

北海道穂別山中で進む恐竜発掘

2003年、北海道むかわ町穂別山中に分布する、白亜紀マーストリヒチアン期のアンモナイトなども産出する海成層（函淵層：7200万年前）から、連続する骨化石が発見された。

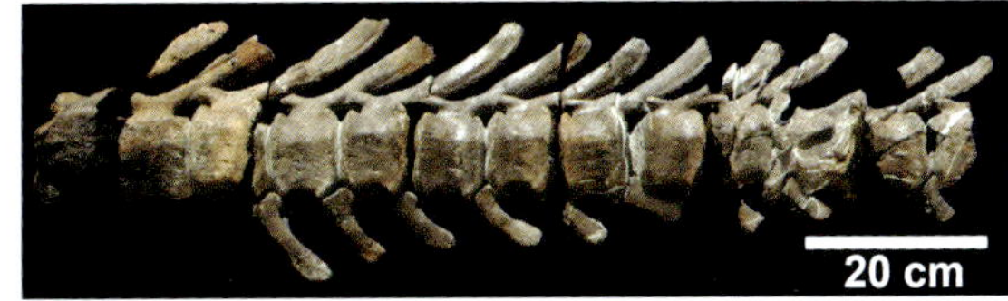

ハドロサウルス科の恐竜の尻尾部分の化石。提供／むかわ町立穂別博物館

発見当初は海成層からの産出ゆえ、クビナガリュウの骨と思われていた。それがのちにクリーニングされ、その後の研究者の調査で、恐竜の尾椎らしいことがわかり、2013年からの大がかりな発掘調査に結びついた。

発掘が進むと、尾椎骨が連続して地層中に続いており、大腿骨や胴椎などの胴体部分の骨化石が、ほぼ垂直となって地層中に埋没していることがわかった。

また骨化石周辺からは、遊離した多数の歯の化石も発見され、2014年、ついに頭骨の一部（上顎骨）が発見された。日本国内で、生きていたときと同じように骨がつながった（関節した）状態で、恐竜の全身骨格が発見されることは非常にめずらしい。

歯・骨化石の特徴から、植物食恐竜鳥脚類のハドロサウルス科の恐竜化石で、関節面の背面側の突起が顕著であることなど、ほかのハドロサウルス科の恐竜との違いも見られることから、新種である可能性も高いようだ。おそらく、陸地から流された恐竜の死骸が、沖合の海中でバラバラになる前に、化石化したものと思われる。

2015年現在、まだ大部分の骨は発掘された岩石中に埋もれた状態で、化石を岩から取りだす（クリーニング）作業が進行中である。

その全体像がわかれば、日本からハドロサウルス科に関する新知見が発信される日がくるかもしれない。

表面がノジュール化しているが、恐竜の骨格が関節した状態で保存されている。ノジュールとは堆積岩中の周囲と成分が異なる塊のこと。提供／むかわ町立穂別博物館

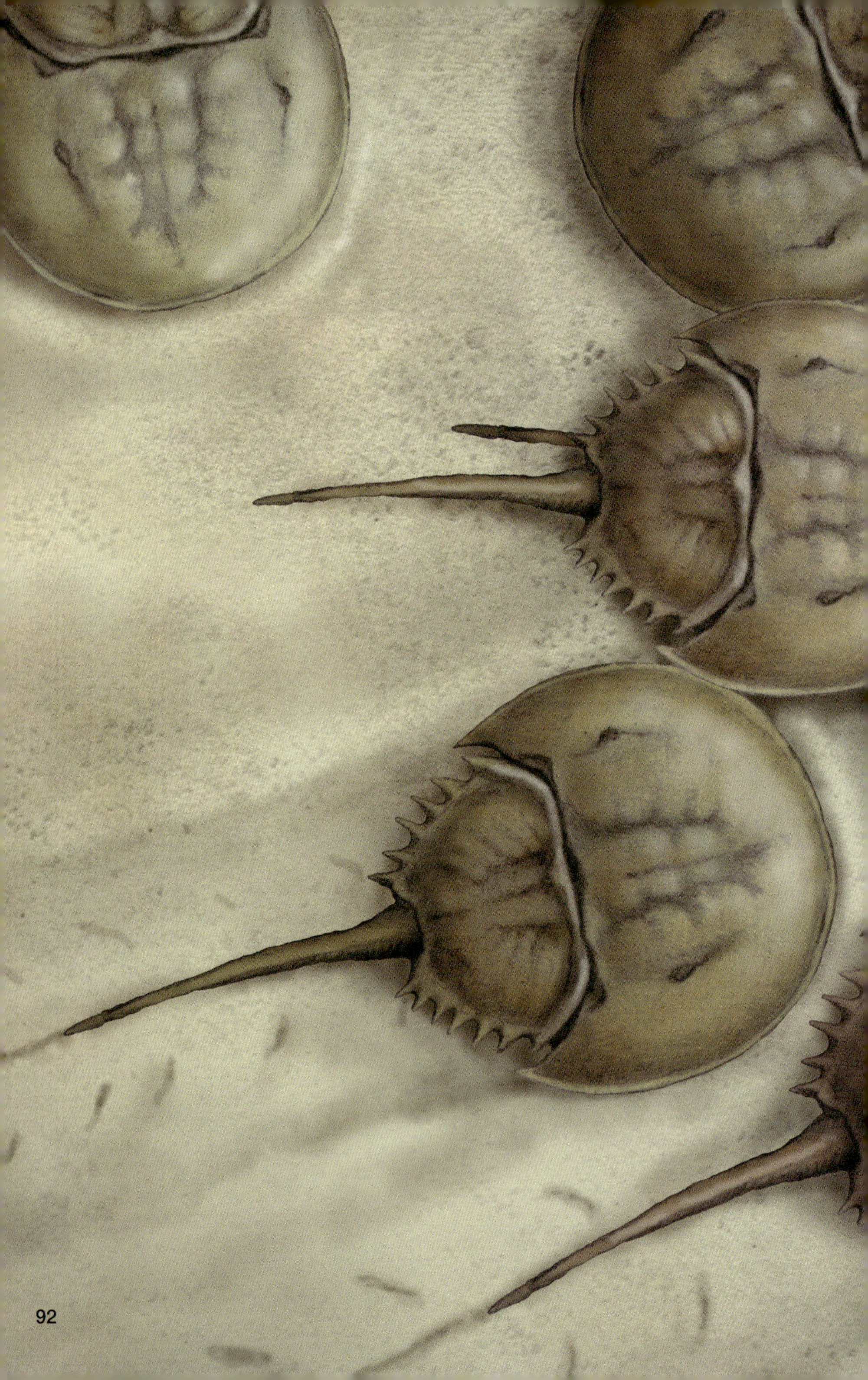

カブトガニ群れる入り江

PLACE 石川県白山市

AGE オーテリビアン期〜バレミアン期？

STRATUM 手取層群

石川県白山市の手取川上流では地層面を何かが這いまわったような跡が見られることがある。これは、白亜紀当時にカブトガニが干潟などの上を這いまわった跡である。その這い跡は波ですぐ崩れてしまいそうだが、条件が重なって奇跡的に化石として残されたのだ。現在でもその生きた姿を見ることができるが、このカブトガニの仲間は2億年以上前からその姿をずっと変えずに生きつづけたグループで、生きた化石の代表格である。

カブトガニ群れる入り江

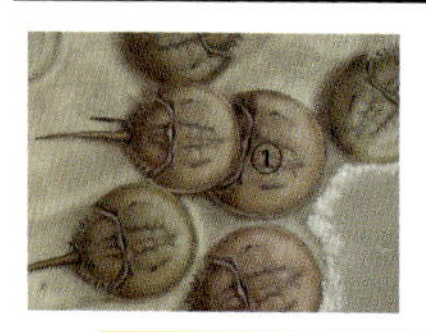

①カブトガニ（鋏角類）／全長オス約 50cm、メス約 60cm ／食性：ゴカイなど／古生代から現在まで姿がほとんど変わらず、「生きた化石」といわれる

石川県白山市山中、手取川上流。清流が手取層群の地層を洗い、真っ黒い泥岩層が川底に姿を現わしている。あたりにはシジミや牡蠣の殻を含んだ転石が多く見られる。このことは、このあたりが太古、海水と淡水がまじり合う汽水域であったことを物語る。

よく目を凝らすと地層面上にうねうねと何かが這いまわったような跡、また、とがった尻尾のようなものを引きずった跡が続いている。じつはこれは白亜紀のカブトガニが這いまわった跡が化石になったもの、いわゆる「生痕化石」なのだ。始祖鳥が発見されたドイツのゾルンフォーフェン地方でも、同様なカブトガニの這い跡化石が発見されている。

通常このような生痕は波などに流されて、すぐに崩れてしまいそうなものだが、この産地では生痕化石のすぐ上に火山灰でできた凝灰岩の薄い地層があり、パッケージされる形で奇跡的に生痕が残されたのだ。まるで火山灰に埋もれたイタリアのポンペイ遺跡である。

生痕化石が残るこの環境は、白亜紀当時、河口から海にかけての汽水域の干潟で、たくさんのカブトガニが産卵しに訪れていたことだろう。産卵するメスのカブトガニと、生殖のためメスに群がるオスのカブトガニ、多数のカブトガニが周辺にうごめいていたことだろう。

そこに、予期せぬことに近くで火山の爆発があり、急に火山灰が降ってきた。這い跡は見る間に灰に埋まり、長い時間の経過とともに硬い岩石となって、今、生痕化石として川底に姿を現わしている。このカブトガニ生痕は重要文化財的な価値があると思われるが、現在も川底で浸食されるままになっている。石川県や白山市にはしっかりとその価値を認識し、早急に保存してほしい。

▲指さしているのがカブトガニの足跡。その横にすっと引っ張ったような跡がある。これがカブトガニが尾を引きずった跡だ

▲カブトガニの腹部。現生する最も原始的な鋏角類

集団で狩りをした獣脚類

PLACE 福井県勝山市
AGE バレミアン期?
STRATUM 手取層群北谷層

福井県勝山市周辺一帯は恐竜化石の産地として有名である。フクイティタンと呼ばれる全長10mほどの中型の竜脚類を、中型の肉食恐竜フクイラプトルと、体は小ぶりで羽毛の生えたドロマエオサウルスの仲間が襲っている。このドロマエオサウルスのような小さな肉食恐竜でも活発に動き、集団でフクイティタンのような大物の獲物をねらっていたことだろう。

集団で狩りをした獣脚類

①フクイティタン（竜脚類）／全長約 10 m？／植物食／原始的なティタノサウルス形類
②ドロマエオサウルス類（獣脚類）／全長 2.3m ほど／肉食／羽毛に覆われ、湾曲した鋭いカギ爪をもつ
③フクイラプトル（獣脚類）／全長 4.2m ほど／肉食／大きなかぎ爪をもつ

福井県勝山市周辺には、北陸一帯に分布する中生代の地層（手取層群）が広がり、特に勝山市山中の北谷地区で発見された、恐竜の骨の密集層（ボーンベット）を大規模に掘削したところ、数多くの恐竜の骨格化石や足跡化石が発見された。現在、恐竜を中心とする化石の研究が進み、その古環境が復元されつつある。

イグアノドン類に属する植物食恐竜フクイサウルスと、2015 年に新種記載されたコシサウルス、竜脚類（ティタノサウルス形類）のフクイティタン（全長 10m 程度)、獣脚類としてはシンラプトル科とされたフクイラプトルや、おそらく鳥のような外観であったと考えられる獣脚類ドロマエオサウルスの仲間のまとまった骨格化石も発見されている。

最近の研究で獣脚類は集団で狩りをしていたと考えられているが、北谷の産地で、複数の個体（十数体）が確認されたフクイラプトルもほかの獣脚類同様、フクイサウルスなどの植物食恐竜を集団で襲い、捕食していたのかもしれない。

北谷からは、ワニやカメ類など爬虫類の化石だけでなく、シンメトロレステスなど小型の哺乳類の化石も発見されている。また、原始的な鳥類（全長 60cm ほど。翼を広げると 1 m を超え、中国で発見された原始的鳥類サペオルニスに似た外観）の全身骨格も発見されている。シダなどの化石も多数見つかることから、水辺に近いわりと湿潤な古環境が想像できる。

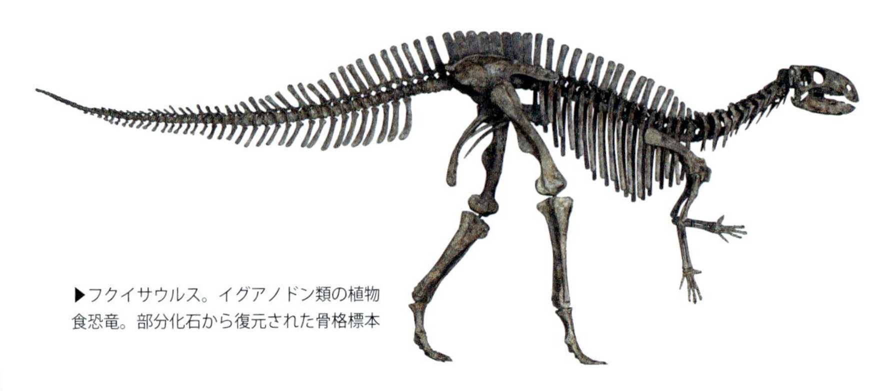

▶フクイサウルス。イグアノドン類の植物食恐竜。部分化石から復元された骨格標本

▲北谷の産地。重機で地層を掘り下げ、恐竜化石を含む地層を集中的に発掘調査している

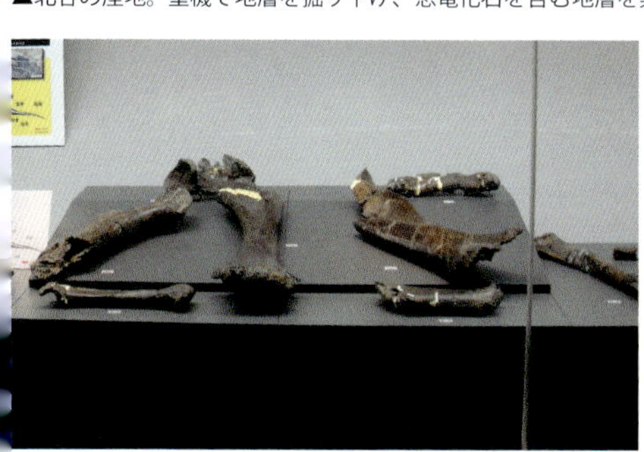

▲フクイティタン。中型の竜脚類の仲間。大腿骨など四肢の骨がほぼそろっている

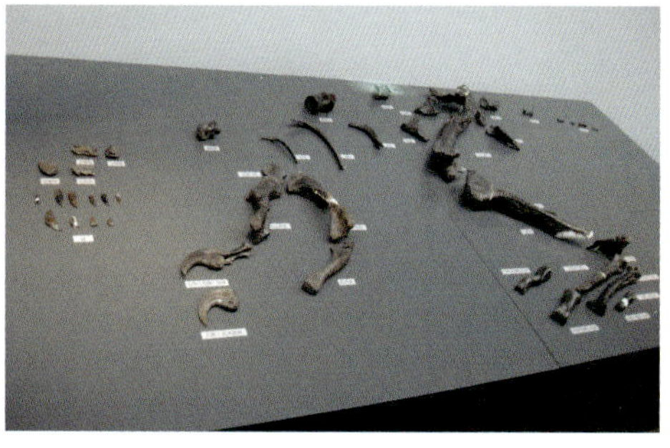

▲フクイラプトル。シンラプトル科の獣脚類。多くの個体の部分骨が発見されており、集団で狩りをした可能性もある

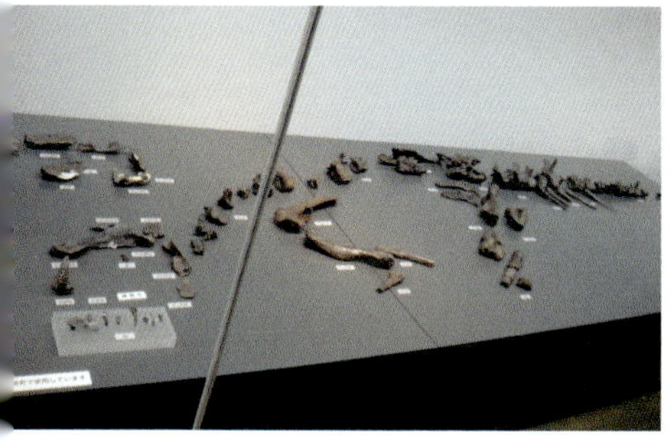

◀フクイサウルス。イグアノドン類の植物食恐竜。頭部から尾骨まで全身復元可能な骨化石が発見された

写真はすべて福井県立恐竜博物館提供

ハルキゲニたんの基礎古生物講座

「アンモナイトの成長」

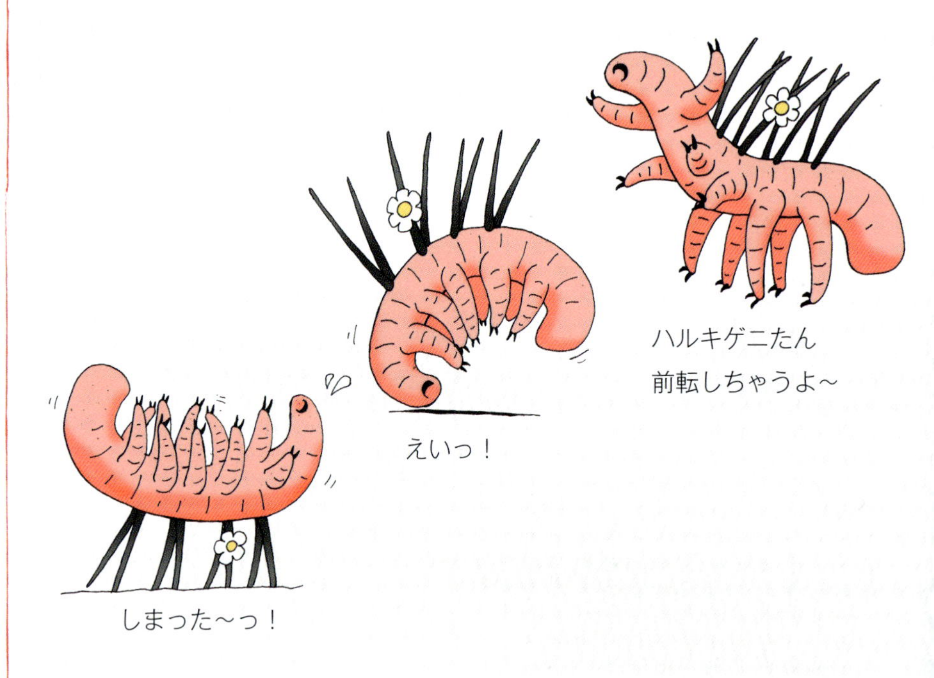

背中のトゲが地面に刺さっちゃった……。
これじゃあ、もとの体勢にもどれないし、
身を守るためのトゲがこんなんじゃ
自然界でサバイバルするのに丸腰だよ！

あたしゃ～、絶体絶命のピンチだよ～！

って、それはさておき
今回はぐるぐる巻きの殻をもってるアンモナイトについてお話ししようと思ってさ、ついついグルグル前転しようと思ったまでさw

とりま、アンモナイトのチョイつっこんだお話をさせてもらうよ～！

アンモナイトの殻がぐるぐる巻きになってるのは、
知ってると思うんだけどさ～
殻の中はというと、たくさんの壁（隔壁）があって、
それに仕切られて、たくさんの部屋（気室）がある感じなんだよね。

まあ、そのたくさんの部屋をまとめて「気房」というんだけど、
スカスカの空洞でさ、海の中で浮き袋の役割をしていたらしいよ。

ほんで殻のいちばん口側がさ、「住房」と呼ばれる部屋で、
ここに身がつまってた感じだね～。

まあ、このへん、口でいうよりも、図で示しちゃったほうが早いかw

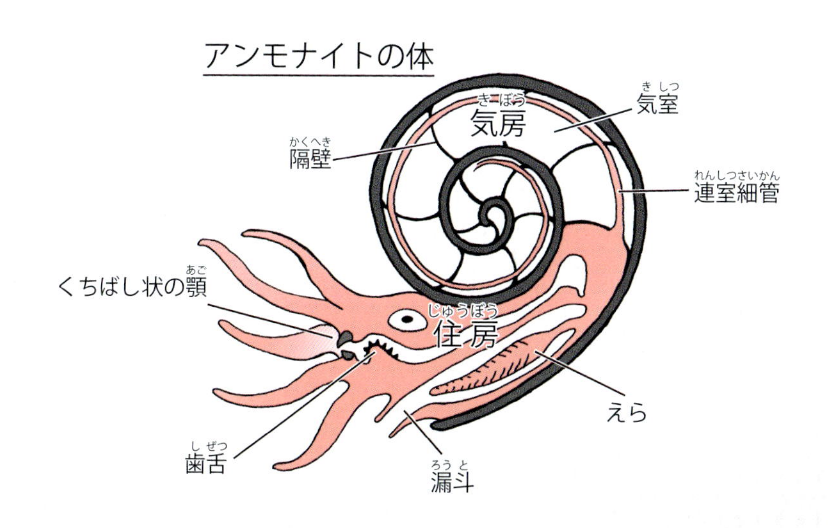

まあ、こんな感じなんだけどさ～
いくつもの部屋に仕切られた構造になっちゃう理由は、
アンモナイトの成長のしかたにあるみたいだね～。

ではではアンモナイトがどんな成長をするのか～
まずは生まれたてのアンモナイトがこちらだよ～。

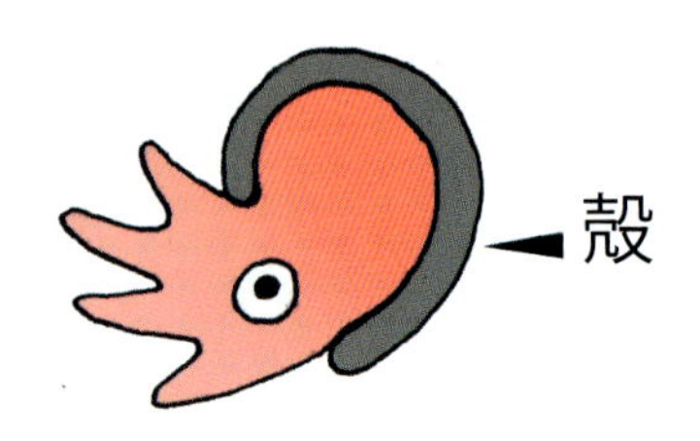

最初は小さな体のまわりに殻がついてる感じなんだけどさ、
この殻って、体から分泌された炭酸カルシウムとかの石灰質が固まってできたものなのよ。
その殻は体が大きく成長すると一緒に大きくなるかというと、そうではないんだよね～。
殻が小さいまま、体が大きくなっていくわけだからさ～、もう殻の中は窮屈になっちゃって、
いったん殻から体の大部分が出てしまうわけなんだよね。

この出てしまった体の部分から、また炭酸カルシウムとかが分泌されちゃって
新しい殻ができてさ〜、体の奥のほうでは仕切りができて、
もともとあった殻は空洞になっちゃうわけ。
ここで、空洞になった古いお部屋と、新しい殻でできた広めの新しいお部屋の
できあがりってわけでさ〜、
この新しくできたお部屋に大きくなった体が移ったってわけだね。

体が成長していくと、そんなお引っ越しを繰り返すことでさ〜、
みんなが知ってるぐるぐる巻きのアンモナイトのできあがりってわけだよ。

ではでは！
アンモナイトの成長でした〜。

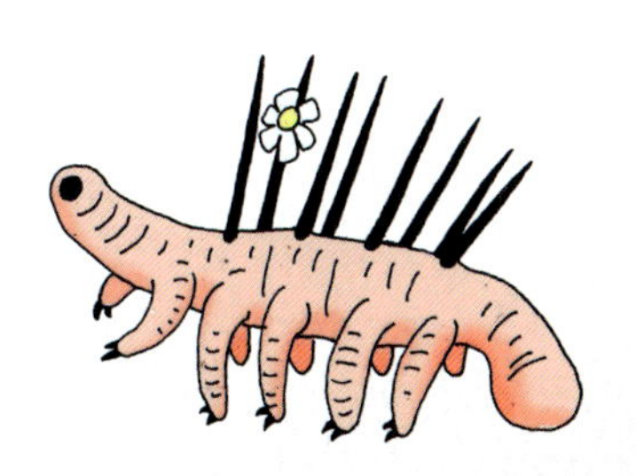

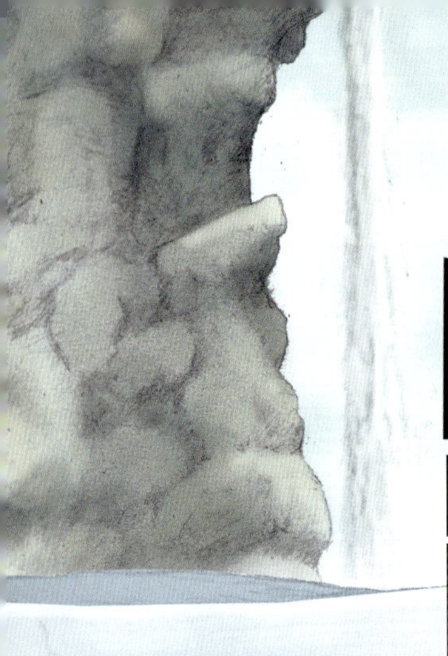

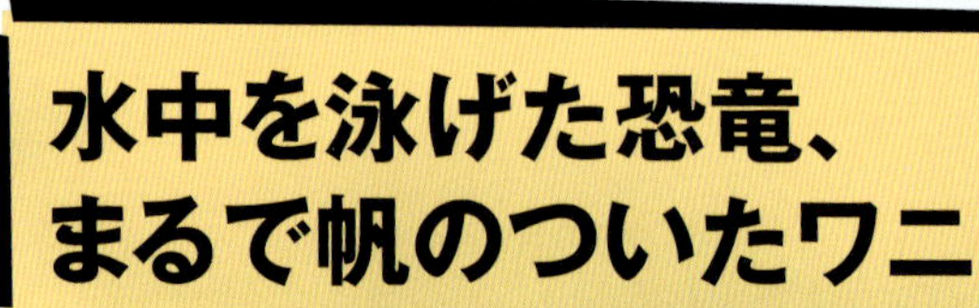

水中を泳げた恐竜、まるで帆のついたワニ

PLACE　群馬県神流町（かんなまち）

AGE　バレミアン期～アプチアン期？

STRATUM　山中（さんちゅう）層群瀬林（せばやし）層

群馬県神流町では、スピノサウルス類と見られる歯の化石が発見されている。スピノサウルス類のアジアでの発見例は国内を含めて、わずか2例である。スピノサウルスの仲間はほかの肉食恐竜とはかけ離れた特徴をもっており、魚食性に特化していた。また、後ろ脚が短いため、陸を歩行するよりも水の中を泳ぐことが得意だった変わり種(だね)の恐竜だといわれている。

水中を泳げた恐竜、まるで帆のついたワニ

①スピノサウルス類（獣脚類）／全長約 10m ？／食性：魚など／背中の大きな帆と円錐形の歯が特徴
②ヘテロプチコドゥス（サメ類）／全長約 1 m ／食性：貝類や甲殻類など／淡水から汽水域に分布する小型のサメの仲間

秩父（ちちぶ）盆地北西部から群馬県南西部・長野県までを、長さ 40km 幅 6 km にわたって細長く分布するおもに白亜紀前期に堆積（たいせき）した地層がある。

山中（さんちゅう）層群と呼ばれるこの白亜紀層からは、貝類やアンモナイトの仲間などたくさんの化石が産出することが知られているが、特に山中層群の瀬林（せばやし）層からは、竜脚（りゅうきゃく）類ティタノサウルス形類、スピノサウルス類やフクイラプトルの仲間など獣脚（じゅうきゃく）類の歯、オルニトミムス類の胸胴椎骨（きょうどうついこつ）など、恐竜の部分化石が見つかっている。

瀬林層は河口にできた三角州や外浜のような場所に堆積した環境と考えられ、おもに汽水域に生息したと考えられるサメ（ヒボドゥスの仲間のヘテロプチコドゥス）の歯化石（貝食性と考えられる平たい歯をもつ）なども発見されている。

白亜紀前期の山中層群を含む西南日本外帯地域は大陸の東部（現在の中国南部あたり）に位置していたと考えられている。すなわち手取（てとり）層群・篠山（ささやま）層群よりずっと南にあり、恐竜などの生物相にも違いがあったのかもしれない。

近年の研究で、北アフリカなどから産出したスピノサウルス類はおもに魚食性で、魚を捕えるために水中生活を主としていたことがわかった。その背びれは異性へのアピールというより、バショウカジキさながら、風をとらえて遊泳スピードを速めるヨットの帆（ほ）のような役目をしていたのかもしれない。生息当時の水中を泳ぐその姿は、まるで帆をもつワニのようであったことだろう。山中層群のスピノサウルス類は、水中の魚やヘテロプチコドゥスなどのサメも好んで食していたのかもしれない。

▲瀬林層の地層が露出した崖。提供／群馬県立自然史博物館

▲スピノサウルス類の歯化石。円錐形の歯に多数の溝（条線）が縦に走っている。魚食に適した歯の形状だ。高さ６ cm。提供／群馬県立自然史博物館

▲左：中型の獣脚類の歯化石。フクイラプトルとの相似性が指摘されている。右：竜脚類の歯化石。スプーン状の形をしている。先端の縁で植物を食んだと思われる。提供／神流町恐竜センター

▲ダチョウのような姿をしたオルニトミムス類の獣脚類の胸胴椎骨の化石。前後長 11cm。提供／群馬県立自然史博物館

▲小型のサメ、ヘテロプチコドゥスの歯。汽水域に生息していたと考えられる。貝や甲殻類を食べるのに適した平たい歯をもつ。提供／群馬県立自然史博物館

▲山中層群から産出した異形巻きアンモナイト、アナハムリナ。和歌山県湯浅町で産出するものと同じ属だ。ステッキ状の外観をもつ。長さ 5cm。提供／群馬県立自然史博物館

▲シャスティクリオセラス。山中層群から産出した異形巻きアンモナイト。最大直径（石の幅）32cm。提供／群馬県立自然史博物館

COLUMN［コラム］

水生恐竜だったスピノサウルス

大型の肉食恐竜にはティラノサウルス、アロサウルス、カルカロドントサウルスなどさまざまなタイプのものがいるが、特に独特なスタイルをもつのがスピノサウルスだろう。

およそ1億年前の北アフリカに生息していた全長18 mにもなる最大級の肉食恐竜だが、背中に大人の背丈ほどの高さのある大きな帆（ほ）をもつのが大きな特徴だ。

またガビアルのように細長い吻部（ふんぶ）をもち、その吻部に並ぶ歯はワニに似た円錐（えんすい）形をしており、ほかの肉食恐竜のナイフのような形の歯とは形状がまったく異なる。

歯の形状が異なることから、ほかの肉食恐竜と食べるものが違い、スピノサウルスはおもに魚を獲物にしていたとよくいわれている。

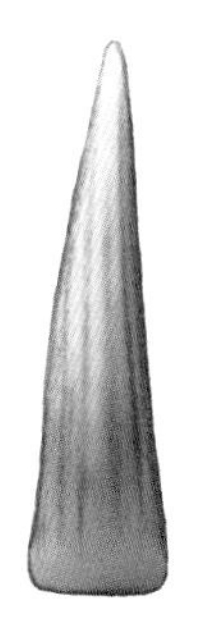

スピノサウルスの歯

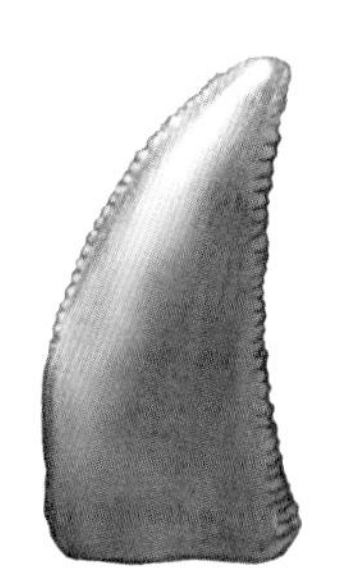

ほかの肉食恐竜の歯

スピノサウルスの化石は、1912年にエジプトでドイツの古生物学者エルンスト・シュトローマーによって最初に発見されたが、第二次世界大戦下であった1944年に、その標本の保管場所であったドイツのミュンヘンにある博物館が英空軍の空爆を受けたことによって、残念ながら破壊されてしまった。スピノサウルスを詳しく知る手がかりは、残された彼の詳細なメモとスケッチ、そして標本の写真である。

その後、スピノサウルスの化石は、モロッコやチュニジアなど北アフリカで発見されていたが、どれも断片的なもので、爆撃によって破壊されたものに代わるようなよい標本が得られなかった。そのため、独特なスタイルの恐竜だけに、謎多き恐竜といわれてきたのだ。

ところが2008年、サハラ砂漠にあるモロッコ東部のケムケム地層で地元の化石ハンターが恐竜の骨の一部を発掘し、これがどうやらスピノサウルスのものであるらしいことがわかったのをきっかけに、研究者たちはその化石ハンターに発掘現場へと案内された。

その後、この発掘現場からスピノサウルスの頭骨、脊椎骨、骨盤、脚など数多くの化石が発掘されて、スピノサウルスの研究がずいぶんと進展したようだ。

そして2014年9月に、シカゴ大学の研究チームによって発表されたスピノサウルスの研究結果は、今まで知られていた恐竜像を覆すような驚くべき内容だった。

それは、スピノサウルスがほぼ水中で過ごす恐竜だったというもので、恐竜と呼ばれる生き物で水生適応種がいたことは初めての知見となる。

新たに発見されたこの化石で復元したところ、後ろ脚はこれまで予想されていたよりも短く、陸上で2足歩行するために長時間バランスを保ちつづけることが不可能であるうえ、狭い腰部と長い尾など体全体が細長いそのプロポーションは水生に適した体つきだったのである。

また、スピノサウルスの骨密度はほかの恐竜よりも高く、密度が高くて重い骨を、水中での浮力を制御することに役立てたのではないかといわれている。

これらの特徴を総合すると、長い時間を水中で過ごしていた恐竜である可能性がずいぶんと高く、スピノサウルスはますます変わり種の恐竜であったようだ。

新たに発見された化石から復元されたスピノサウルスの全体像。
前に重心がかかってしまう体型から陸の歩行は不向きといわれている

ウミユリたなびくサンゴの海

PLACE 岩手県宮古市周辺

AGE アプチアン期

STRATUM 宮古層群

群生するサンゴに植物のように生える生き物はウミユリの仲間である。ウミユリはヒトデやウニなどの棘皮動物に含まれる。現在では暗闇の深海にしかいないめずらしい生き物であるが、この時代には光あふれる豊かな浅海にも見られたようだ。

ウミユリたなびくサンゴの海

①イソクリヌス（ウミユリの仲間）／萼の部分で 10cm ほど／岩などに接着して海中のプランクトンなどを食べる
②厚歯二枚貝（二枚貝の仲間）
③六放サンゴ（サンゴ類）／数十 cm ～数 m の群体をつくる／たくさんのサンゴ個体が集まって大きな群体になる
④ハイパーアカントホプリテス（アンモナイト）／殻長数 cm ／棘をもつアンモナイトの仲間

岩手県の太平洋に面する陸中海岸は、海中から切り立つ断崖絶壁が続く。まさに海のアルプスといわれるこの一帯には、白亜紀前期の地層が点在しており、宮古層群と呼ばれている。宮古層群はハイパーアカントホプリテスなどのアンモナイトのほかに、トリゴニア（三角貝）や造礁性の六放サンゴ、ウニや小さな甲殻類、厚歯二枚貝や牡蠣、巻貝のほか、日本ではめずらしいイソクリヌスというウミユリの仲間の萼の部分（キャリックス）が完全な形で、多数地層中に保存されていたりする。

宮古層群は白亜紀前期（アプチアン後期）当時、熱帯や亜熱帯の気候で、暖かい穏やかなサンゴ礁が広がる浅い海であったと考えられている。ウミユリは現在、深海で生息する子孫（トリノアシ）が知られるが、当時のウミユリは浅い海にも多数生息していたのだ。

宮古層群が分布する岩泉町茂師の礫岩層からは、海生の生き物だけでなく、植物食恐竜の竜脚類の上腕骨化石が発見されている。おそらく、陸地から河川などで流された竜脚類の死骸がバラバラになり、その一部が海で礫と堆積したものと考えられる。

▲太平洋の荒波が寄せる岩手県田野畑村平井賀の海岸。白亜紀前期の地層が周辺に広がっている。提供／橋本亮平氏

▲宮古層群平井賀層。石灰質砂岩の地層の中には二枚貝、巻貝ウミユリなどが密集している。殻が残されるなど保存がすばらしい。提供／橋本亮平氏

◀イソクリヌスというウミユリの萼の部分の化石。ウミユリは植物ではなく、棘皮動物の仲間。現在は深海に生息するが、白亜紀には浅い海にも生息していたようだ。右の大きな個体の萼部で 10cm ほど

▲砂岩中から産出する、白亜紀前期の代表的アンモナイト、ハイパーアカントホプリテス。殻長 4.1cm 。提供／岩手県立博物館

▲造礁性の六放サンゴの化石。40cm ほどの群体

琥珀(こはく)と恐竜

PLACE	岩手県久慈(くじ)市	AGE	サントニアン期	STRATUM	久慈層群玉川(たまがわ)層

20mクラスの大型恐竜、竜脚類の頭がようやく届くような高い木の幹から分泌(ぶんぴつ)された天然樹脂(じゅし)に足を取られる昆虫たち。これがのちに化石となって「虫入り琥珀」となる。岩手県の久慈地方は、8500万年前ごろ、恐竜の生きた時代にできた琥珀の産地として知られる。

琥珀と恐竜

①竜脚類／鉛筆のような歯ですき取って、植物の葉を主食としていた
②南洋スギの樹液／琥珀のもと

岩手県久慈地方に分布する、白亜紀後期の久慈層群玉川層からは、植物の樹液の化石である琥珀が豊富に産出されることが古くから知られており、現在も採掘が進められている。

宝石としても珍重される美しい琥珀の中には、時としてさまざまな生き物が閉じこめられ、生きていた当時の姿そのままで化石化して発見されることもある。鳥（恐竜？）の羽毛や多数の昆虫（シロアリ・ゴキブリ・甲虫・カマキリ)、クモなどだ。琥珀のもとになった樹液は白亜紀当時、この地域に生い茂っていた南洋スギなどの巨樹から滴ったもので、それに足を取られた生き物たちが樹液とともに化石化したと考えられている。

久慈産出の琥珀を多数展示する久慈琥珀博物館の採掘体験場からは、琥珀以外にも多数の脊椎動物の化石も発見されている。アドクスなど甲長 40cm を超える巨大なスッポン上科のカメの仲間や、3ｍを超えたであろうクロコダイルの仲間のワニの背甲や歯や背骨など、またケラトプス科をのぞく周飾頭類や獣脚類コエルロサウルス類などの恐竜、翼竜の骨化石の一部も発見されている。

白亜紀当時の久慈の気候は、大型のカメやワニが生息していた状況から、かなり温暖な気候で、蛇行する河川の三日月湖などで地層が堆積したと考えられている。

▲久慈琥珀博物館の採掘体験場。ここからカメやワニ、恐竜の化石が発見された。提供／久慈琥珀博物館

▲竜脚類の歯化石。鉛筆型の歯が特徴的だ。提供／平山廉氏（早稲田大学）

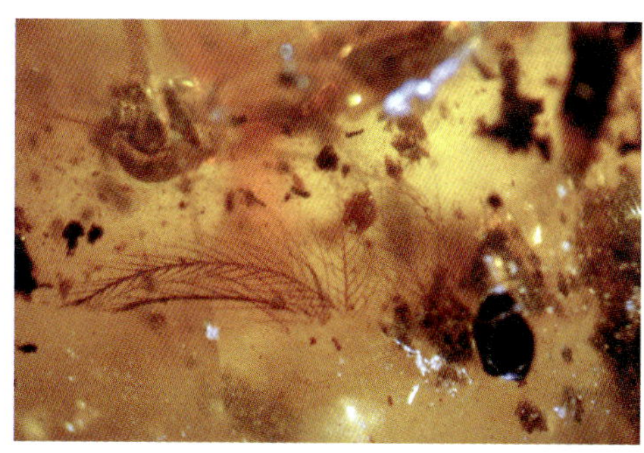

▲琥珀の中に残された鳥の羽毛の化石。提供／久慈琥珀博物館

▲カメ化石の産状。アドクス（スッポン上科）の仲間の腹甲の後半部分。提供／久慈琥珀博物館

▲琥珀の中に保存されたカマキリの化石。提供／久慈琥珀博物館

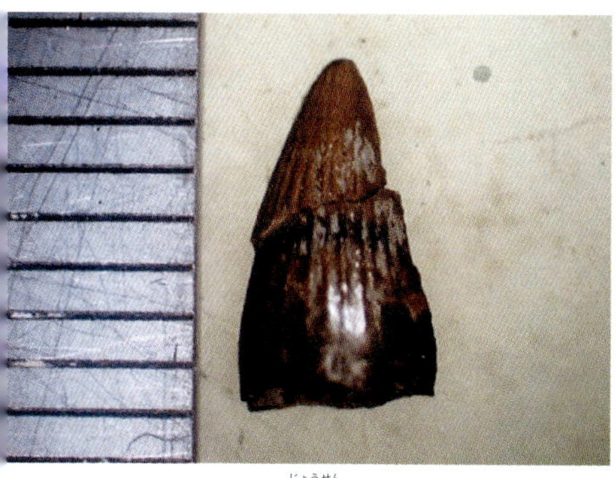

▲ワニの仲間の歯化石。縦の条線が特徴的。提供／久慈琥珀博物館

▲琥珀の中に保存された蛾の仲間（ヒロズコガ）の一種。提供／久慈琥珀博物館

セノマニアン期のアンモナイト群

PLACE 北海道三笠市　AGE セノマニアン期　STRATUM 三笠層

北海道三笠市では、白亜紀セノマニアン期（1億50万～9390万年前）に生きたアンモナイトの化石が産出される。殻に棘が並ぶミカサイテスや、大型のカニングトニセラスなど殻の突起が発達したアンモナイトがよく見られ、また殻が塔状に巻くツリリテスやサザエのような殻をもつハイポツリリテスなど、さまざまな形をした殻をもつアンモナイトが生息していたようだ。

セノマニアン期のアンモナイト群

①カニングトニセラス（アンモナイト）／殻長約 20 ～ 30cm ／殻に角状の突起をもつ
②ハイポツリリテス（アンモナイト）／殻長約 10 ～ 20cm ／塔状形の殻の表面に細長くとがった突起が並ぶ
③ミカサイテス（アンモナイト）／殻長約 5 ～ 10cm ／殻の外側に 1 列に長い棘が並ぶ
④ツリリテス（アンモナイト）／殻長約 20cm ／巻貝のような塔状の殻をもつ

北海道を南北に貫く白亜紀層の、ほぼ中央部に位置する三笠(みかさ)市。

市内を流れる幾春別(いくしゅんべつ)川本流に沿って、トリゴニア（三角貝）を多量に含む砂岩(さがん)層が分布している。この砂岩層は白亜紀後期はじめのころ（セノマニアン期）を示す、多くの特徴的な化石を含んでいる。

▲トリゴニア。三角貝と呼ばれる、殻の内側に厚い真珠層をもつ二枚貝

アンモナイトでは、小型だが外面中央に棘(とげ)状の突起(とっき)が並ぶ、パンクな外観のミカサイテス（産した三笠市の名を冠(かん)する）のほか、マンテリセラスや大型のカニングトニセラスなど、突起が発達するアカントセラス科の種類が多いのもこの時代の特徴だ。

異形(いぎょう)巻きアンモナイトとしてはアンキロセラス亜目の、高い塔状(とうじょう)の形のツリリテスや、塔状の殻(から)の表面に細長くとがった棘をもつ、まるでサザエのような外観のハイポツリリテスなど、個性的なアンモナイトが顔をそろえる。

トリゴニアは、暖かい栄養豊富な海に生息していたと考えられ、その証拠に厚い真珠(しんじゅ)層の殻をもつ。

セノマニアン期初期の北海道の海底では、トリゴニアもアンモナイトも、温暖で栄養豊富なバブルな環境のもとで、過度な装飾(そうしょく)を身につけ生息していたようだ。

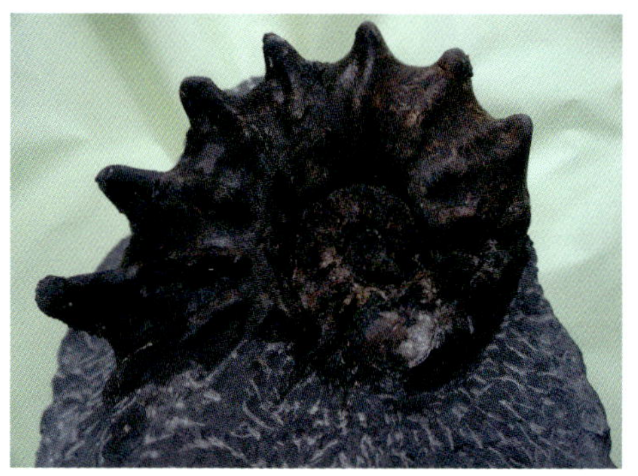

▲カニングトニセラス。太い多数の棘をもつアカントセラス科のアンモナイトの仲間。殻長 22cm 。提供／早野久光氏

▲マンテリセラス。強い肋と突起をもつアカントセラス科のアンモナイト

▲ツリリテス。まるで巻貝のような殻の形状をもつ異形巻きアンモナイト。提供／榊原和仁氏

▲ハイポツリリテス。サザエのような殻上に鋭い棘がのびる。高さ 9cm 。所蔵／松田敏昭氏、撮影／森伸一氏

▲化石を産する三笠市の白亜紀セノマニアン期の地層。多量のトリゴニア化石を含む。提供／森伸一氏

▲ミカサイテス。化石を産した三笠市の名前を冠する。外面中央に棘状の突起が連なる特徴的な外観のアンモナイト。殻長 7cm 。所蔵／岡島孝義氏、撮影／森伸一氏

巨大イカの泳ぐ海

PLACE 北海道中川町（なかがわちょう）　AGE カンパニアン期　STRATUM 上部蝦夷（えぞ）層群

北海道中川町の約8000万年前の地層から、ダイオウイカに匹敵するカラストンビ（顎板）の化石が発見されている。ダイオウイカのような巨大イカが白亜紀の海でも生息していたことになり、「エゾテウシス・ギガンテウス」と呼ばれている。中川町周辺の地層からはクビナガリュウのプリオサウルス類も産出されており、ワニのような吻部で強靭な顎の力をもつプリオサウルス類にとって、この巨大イカはまたとない獲物だったかもしれない。

巨大イカの泳ぐ海

①エゾテウシス・ギガンテウス（頭足類）／全長約 5m ／食性：甲殻類、魚類など
②プリオサウルス類（長頸竜類）／全長５～６ｍ？／食性：魚類、頭足類、そのほかの海生爬虫類？／頸が短く、巨大な頭部と頑丈な顎をもつ

北海道中川町のワッカウエンベツ川に分布する約8000万年前の白亜紀層から産出した、化石を含むノジュール中から大きな頭足類の顎板が発見された。当初、大型のアンモナイトの顎板と考えられていたが、その後の調査で大型のイカの仲間の化石であることが判明した。

顎板化石を現生するダイオウイカなどの巨大イカと比較したところ、約 5ｍほどの全長であると推定され、蝦夷の巨大イカという意の「エゾテウシス・ギガンテウス」と名づけられた。白亜紀の海洋にもこのような巨大イカが生息していたのだ。

中川町周辺の白亜紀層からは、頸の長いモレノサウルス近縁種などのエラスモサウルス科と、頸の短いプリオサウルス類の仲間のクビナガリュウが、生息時代に開きがあるものの発見されている。おそらく大きな頭骨で、顎を広く開けることができるプリオサウルス類や、大きく強靭な顎をもつ、同じく海生爬虫類の仲間のモササウルス類などにとって、エゾテウシスのような巨大な頭足類も捕食対象で、彼らの重要なタンパク源になっていたと考えられる。

白亜紀の海底でも、現在のクジラとダイオウイカのような死闘が繰り広げられていたのかもしれない。

▲河川に露出した中川町に分布する白亜紀層。アンモナイトを中心にクビナガリュウ類などの化石を産出している。提供／森伸一氏

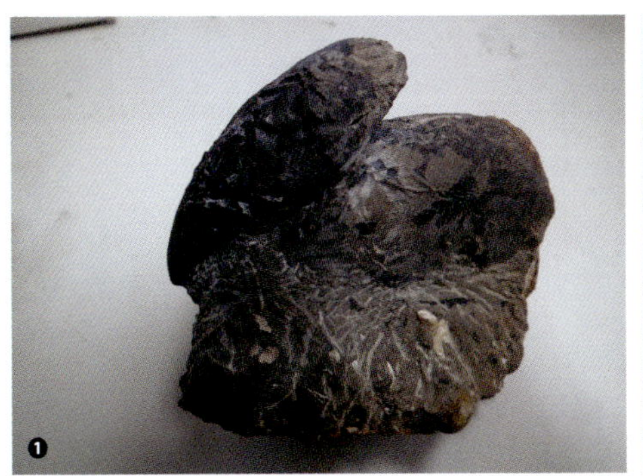

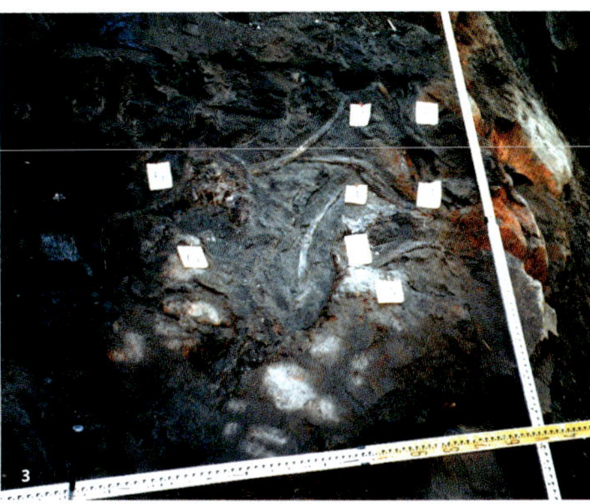

❶エゾテウシス・ギガンテウスの顎板化石。全長約５ｍと想像される巨大イカの顎板。左右 9.7cm

❷プリオサウルス類。巨大な顎と太い歯をもつ頸の短いクビナガリュウの仲間。転石だったため歯冠は失われている。大きいほうは左右約 35cm 、手前の小さなほうは左右約 13cm

❸モレノサウルス近縁種の産出状況。エラスモサウルス科のクビナガリュウ化石。肋骨などが泥岩中に散らばっているのが観察できる

❹モレノサウルス近縁種の復元骨格標本。国内で発見されたクビナガリュウの中でも最大級の全長を誇る

125 ページの写真はすべて中川町エコミュージアムセンター提供

COLUMN［コラム］

エゾテウシスよりさらに巨大なイカが白亜紀の日本にいた！

北海道羽幌町（はぼろちょう）の8500万～8000万年前の白亜紀の地層から、巨大なイカと思われる下顎（したあご）部分の化石が発見された。

化石は長さ6.3cmの下顎で、形状はツツイカ類に近く、世界最古の新属新種（しんぞくしんしゅ）として2015年に論文発表された。

想定されるイカの全長は10～12m、現生（げんせい）のダイオウイカをも凌駕（りょうが）する大きさだ。

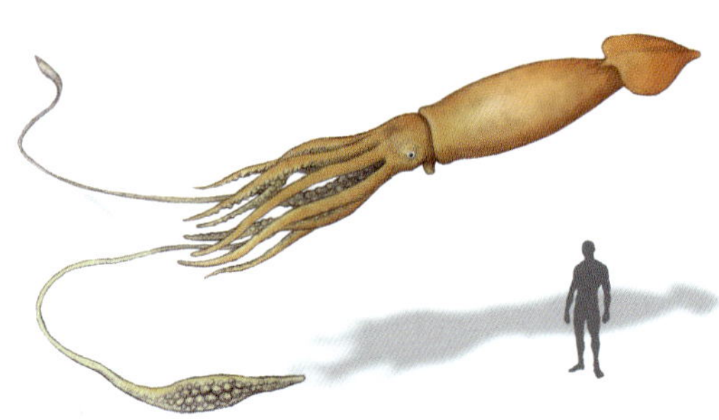

ハボロダイオウイカ（学名ハボロテウティス・ポセイドン）の復元図。全長10～12m

羽幌からは巨大イカ以外にも、長さ9cmになる巨大なコウモリダコ類の下顎化石も発見されている。

コウモリダコは、現在深海に生息することが知られており、化石から想定される全長は2.4m。こちらもコウモリダコとしてはモンスター級の大きさだ。

ハボロダイオウイカの下顎化石。提供／北九州市立自然史・歴史博物館

白亜紀後期の太古の北海道では、巨大なイカやタコなどの頭足類（とうそく）が多数生息していたと考えられ、それを捕食するプリオサウルスやモササウルスの仲間の重要なタンパク源だったことだろう。イカは採集された羽幌にちなみ「ハボロダイオウイカ」、コウモリダコは中川町自然誌博物館の疋田吉識（ひきだよしのり）博士の研究功績を称（たた）え「ヒキダコウモリダコ」という愛称（あいしょう）がつけられている。

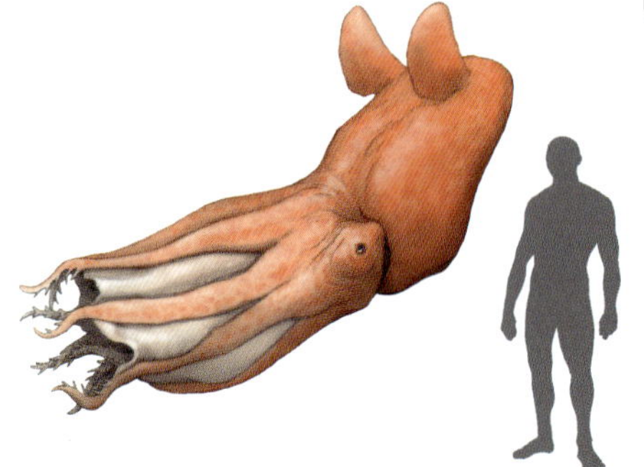

ヒキダコウモリダコ（学名ナナイモテウティス・ヒキダイ）の復元図。全長2.4m。現在深海に暮らすコウモリダコは15cmほどの全長

ヒキダコウモリダコの下顎化石。提供／北九州市立自然史・歴史博物館

COLUMN [コラム]

恐竜をイメージして作曲も

本多俊之さん（作曲家・サックスプレイヤー）

日本が世界に誇るサックスプレイヤーで、「マルサの女」をはじめとする故・伊丹十三監督の一連の映画作品や、「家族ゲーム」など数々の映画やドラマ音楽の作曲・編曲家としても知られる本多俊之さん。じつは、本多さんは自他ともに認める恐竜愛の持ち主でもある。

photo by Karen Natsuki

愛用のサックスにはティラノサウルス・レックス（しかも羽毛バージョン）の迫力ある姿が細やかな彫金で施されている。作曲した曲にも、恐竜のかろやかな歩みをイメージした「D -Walk」など、恐竜をテーマにした名曲がある。

photo by Karen Natsuki

本多さんが恐竜好きになったきっかけのひとつが、ハリウッドでストップモーションアニメーション技術を打ち立てたレイ・ハリーハウゼン氏の映画「恐竜グワンジ」や「恐竜100万年」などの一連の作品。幼少期、これらの映画に刺激されて、恐竜好きになったそうだ。サックスより恐竜のほうがつきあいが長いと、本人談。

ご自宅には、迫力ある恐竜フィギュアがずらり。これからもコレクションは増えていきそうだ。

本多さんの恐竜コレクション ❶CDジャケット用に作成。大木理人氏作 ❷国立科学博物館の昭和30年代のお土産、ディメトロドン ❸ジオラマBOX。山﨑シゲル氏作の一点もの。スピノサウルス

異形巻きアンモナイト群れる海

PLACE 北海道各地　AGE チューロニアン期〜コニアシアン期　STRATUM 上部蝦夷層群

北海道は世界的なアンモナイト化石の名産地として知られ、特にU字型の殻が立体で複雑に巻くニッポニテスは有名である。ムラモトセラスやユーボストリコセラス、スカラリテスも、普通に知られる平面巻きのアンモナイトとは違う形状をしている。これらは異形巻きアンモナイトと呼ばれるが、その手前に泳いでいる小さなアンモナイトが彼らの子どもで、普通の巻き方である。成長途中で殻はいろんな方向へねじ曲がって成長していくようだ。

異形巻きアンモナイト群れる海

①スカラリテス（アンモナイト）／殻長約 10cm ／隙間のある平面螺旋巻きの殻
②ムラモトセラス（アンモナイト）／殻長約 2 ～ 10cm ／紐を結んだような殻
③ニッポニテス（アンモナイト）／殻長約 8 ～ 15cm ／U字ターンを繰り返す殻
④ユーボストリコセラス（アンモナイト）／殻長約 10 ～ 20cm ／螺旋に巻いた殻
⑤リヌパルス（甲殻類）／体長約 10 ～ 30cm ／現生のハコエビの仲間

北海道中央部を南北に貫くように分布する白亜紀層からは、世界的に見ても保存状態のよいアンモナイト化石が数多く産出している。特に、驚くような形態を見せる異形巻きアンモナイトの属種が多数報告されている。特に白亜紀後期チューロニアン期～コニアシアン期の地層からは、ゆるくまるで蚊取り線香のように巻くスカラリテスや、紐を結んだような形状のムラモトセラス、まるで螺旋階段のように巻き上がるユーボストリコセラスのほかに、3次元的にU字ターンを繰り返し、ソフトボールの縫い目のような形状になるニッポニテスは有名だ。またニッポニテスに似た外観で、多数の棘をもつリュウエラというアンモナイトの属種もある。

アンモナイトの仲間は、主にリヌパルス（ハコエビ）などの甲殻類や魚などを捕食していたと考えられる。

これらの変わった殻形状をもつアンモナイト群は、日本では異常巻きアンモナイトと呼ばれているが、その殻形状はいずれの属種も規則性があることが学術的に証明されており、病的な形態を指す「異常」という言葉はそぐわない。そこで、著者（宇都宮）は正常巻きアンモナイトと比較し、単に形状の違いを指す「異形巻きアンモナイト」という呼称を提唱する。英語の heteromorph ammonoid も異形・異型の意味をもつ。

現在、日本国内では500を超えるアンモナイトの種類が記載されているが、2014年に記載された新属新種のアンモナイト、モレワイテス（45ページコラム参照）をはじめ、現在も新種アンモナイトが続々報告されている。今後も新種のアンモナイトが発見されていくことだろう。

▲アンモナイトを産出する泥岩が分布する北海道の沢。提供／森伸一氏

❶アニソセラスの仲間。塔状（とうじょう）の巻きの上に鋭い棘が並ぶのが特徴。セノマニアン期に生息。殻長 6cm 。提供／榊原和仁氏
❷ムラモトセラス。紐を結んだような複雑な巻き形状を示す。左の殻長 2.2cm
❸ユーボストリコセラス。螺旋階段のような巻き形状をもつ。殻長 15cm 。提供／榊原和仁氏
❹ハイファントセラス。多重塔状の巻きにバラのような棘をもつ。サントニアン期〜カンパニアン期に生息。殻長 12.5cm 。提供／森伸一氏
❺ニッポニテス・ミラビリス。日本を代表する異形巻きアンモナイト。ミラビリスはすばらしいという意味のラテン語。殻長 9cm 。提供／榊原和仁氏
❻スカラリテス。蚊取り線香のような隙間のある平面巻きの殻をもつ。殻長 15cm 。提供／榊原和仁氏

白亜紀後期まで生息していた海生ワニ

PLACE 北海道羽幌町(はぼろちょう)

AGE サントニアン期

STRATUM 上部蝦夷(えぞ)層群

北海道羽幌町の約8500万年前の地層から、テレオサウルスの仲間と見られる海生ワニの化石が発見されている。足がヒレに変化するなどの高度な水生適応は見られないものの、その細長い体をくねらせて自在に海中を泳いでいたことだろう。テレオサウルスは白亜紀の前の時代のジュラ紀に繁栄した海生爬虫類であるが、北海道で発見されたこの海生ワニはその生き残りだと見られている。

白亜紀後期まで生息していた海生ワニ

①テレオサウルスの仲間（ワニ類）／全長数ｍ／食性：魚類や頭足類など／おもに海中で生息していた古代ワニ

1996年、北海道北部に位置する羽幌（はぼろ）ダム周辺に分布する上部蝦夷（えぞ）層群の地層（白亜紀後期約8500万年前）から、奇妙な脊椎（せきつい）動物の骨化石を含むノジュールが発見された。

▲羽幌など北海道の一部の白亜紀の化石産地では、真珠光沢（しんじゅこうたく）を有するアンモナイトが発見される。割れたノジュールから出てきた瞬間が最も美しい。提供／森伸一氏

化石のクリーニングを進めたところ、下顎骨（かがくこつ）・歯・連なった頸椎（けいつい）・肋骨（ろっこつ）・肩甲骨（けんこうこつ）・烏口骨（うこうこつ）（肩帯（けんたい）の一部）・鱗板（りんばん）（背中の鎧（よろい）のような骨）など多数の骨が姿を現わした。特に鱗板など特徴的な骨の存在は、化石の主（ぬし）がワニであることを示していた。

▲羽幌町山中の白亜紀層。大露頭に化石を含む多数のノジュールが含まれているのがわかる。提供／森伸一氏

さらに調査を進めたところ、テレオサウルスという海生ワニの仲間の化石であることが判明した。

テレオサウルス類は、おもにヨーロッパで化石が発見されている、ジュラ紀に大繁栄（はんえい）した海生ワニのグループで、東アジアからの産出報告はほとんどなかった。白亜紀に入ると徐々に姿を減らし、白亜紀前期中に絶滅したのではないかと見られていたのだ。

羽幌のワニは、世界的に見てもテレオサウルスの仲間の最後の生き残りに近い種類ということができるだろう。

化石研究での３Dプリンターの活用

ニッポニテス（アンモナイト）のレプリカを３Dプリンターで作成

３Dプリンターは、今やフィギュア制作や医療などさまざまな分野で活用されているが、この技術は古生物学にも活用されつつある。東大阪市の先端企業、大成モナック（和歌山県鳥屋城山のモササウルス類の産状レプリカなどを作成した、造形を得意とする企業）での作成事例を紹介する。

右上の写真は、３Dプリンターでつくった私（宇都宮）の化石コレクション、異形巻きアンモナイト（ニッポニテス）のレプリカだ。左端の透明なものが、化石をスキャンし、データ処理したものを、３Dプリンターで専用の樹脂でモデリングしたもの。

家庭用の安いプリンターでは解像度が粗いため、滑らかな曲線を再現するのが難しいが、写真のモデルは業務用の高性能機種で作成しているため、表面は非常に滑らかで微細な造形まで再現されている。彩色すると本物そっくりだ。中央と右端どちらが本物でどちらがレプリカか、目を凝らして確認してほしい。右端が本物で、真ん中がレプリカだ。

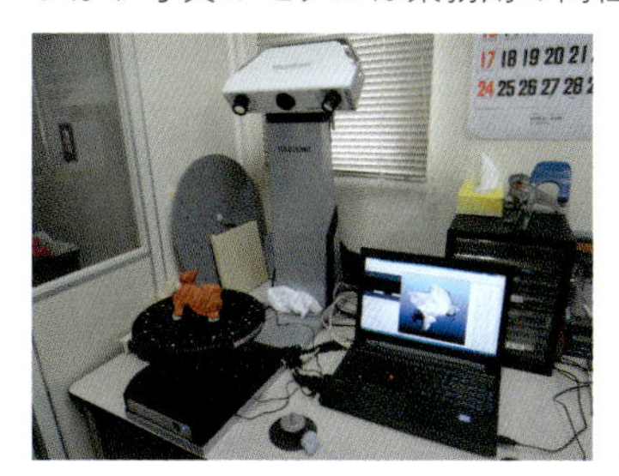
スキャンしたデータを画像処理する

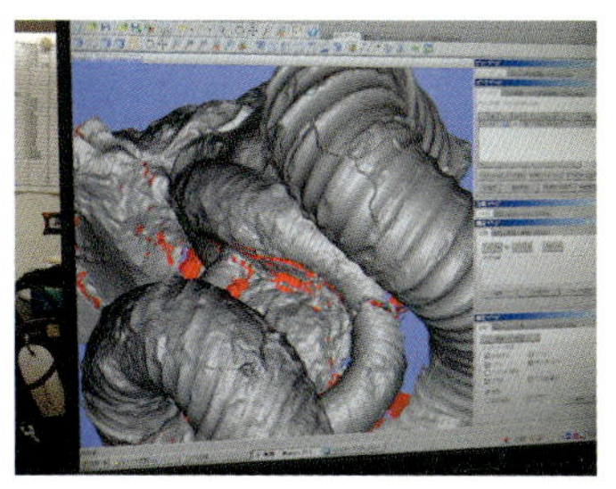
ニッポニテスのスキャン画像。細かい補足を行ない、より現物に近い再現にまで高める

大成モナックでは、ＣＴスキャンした小さな哺乳類化石のデータをもとに、拡大して再現し、観察しやすくするなど、古生物学の世界にとって革新的な取り組みを進めている。

今後、論文などに記載化石のデータが添付されていれば、わざわざ標本を所蔵する研究機関まで行って観察しなくても、３Dプリンターによって再構成されたものを手に取り、研究することも可能になる。

科学の進歩とともに研究の手法もまた進歩している。

ハルキゲニたんの基礎古生物講座

「白亜紀末の大量絶滅（ぜつめつ）」

さてさて、これでラストになっちゃうけど、
この本は白亜紀にフォーカスしちゃってるからさ～、
その最後にふさわしいテーマ。
「白亜紀末の生物大量絶滅」に
ついて話しちゃうよ！

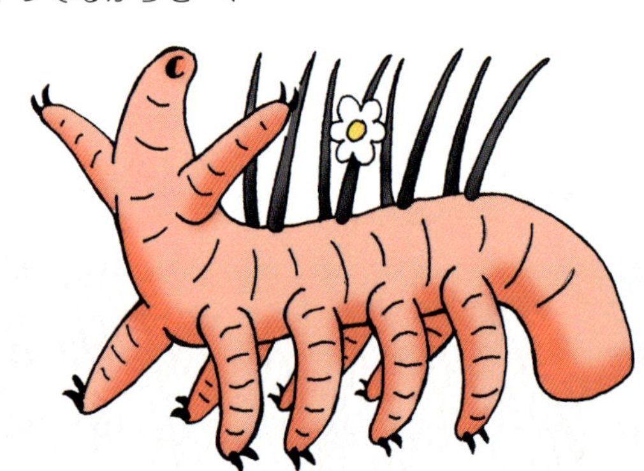

6600万年前に白亜紀って時代
が終わっちゃうんだけどさ、
こんときを境にさ、
恐竜とか～、
アンモナイトとか～、
クビナガリュウとかたくさんの生き物が、
地球上からすっかり姿を見せなくなっちゃうわけなんだよね。
要するに、たくさんの生き物が絶滅しちゃったわけさ。

その理由はぶっちゃけいっちゃうとさ、
地球に隕石（いんせき）が落ちたからっていわれてるよ。
その隕石がまたまたチョ～がつくほどデカくて、
直径10～15kmといわれてるらしいんだけど～
これってだいたい山手線の大きさくらいになるのかな？

まあ、地球にこんな大きな石っころが、

遅く見積もっても時速 5 万 4000km ！って、諸説あるけど、
ジェット旅客機の何十倍の速度で衝突したというんだから、
ぜんぜんよくわからないスケールだよねw
まあ、その衝撃たるや、破壊力が 1 億メガトンとかいわれててさ、
冷戦時代にアメリカとソ連が保有していたすべての核弾頭を合わせた破壊力の
1 万倍という、これまたよくわからないスケール ^^;

とりま、あたしたちじゃ理解不能な破壊力なわけでさ～
地球規模の大災害に見舞われて、
多くの生き物が死んじゃったのは間違いないんだけど、
そのあとも、その隕石が衝突した場所から、チリやらホコリやらがたくさん舞い散っちゃってさ、
空に厚い層をつくっちゃったわけよ。

これが太陽の光をさえぎったから、世界が暗闇に包まれたわけなんだけどさ～

こんな太陽の顔を拝めない世界になっち

ゃうと、気温もかなり下がっちゃうし、
植物は光合成できなくなっちゃって枯れちゃうわで、
生き物たちがこの先、生きつづけるには過酷な世界だよね。

そんなわけで、地球上の生物種の7割が絶滅したっていわれてるよ。

まあ、大昔のこんな最悪な出来事がわかったのはさ～
今でもその痕跡が残っているからなんだけど、
6600万年ほど前に堆積した地層は「K/T境界」って呼ばれてて、
このK/T境界では妙に大量のイリジウムっていう金属が出てくるわけよ。
それも世界各地でさ。

このイリジウムって地球上ではきわめて希少なレアメタルなんでさ、
6600万年前の世界各地になんで大量にあったのよ、ってなるじゃない？
宇宙から降ってくる隕石にはイリジウムがけっこう多く含まれてるらしく、
そこで6600万年前に大きな隕石が落ちたんでない？って話になるんだよね～。

ほんでさ、世界各地のK/T境界の地層を調べてみるとさ、
ヨーロッパのほうでは数mmの薄さなんだけど、

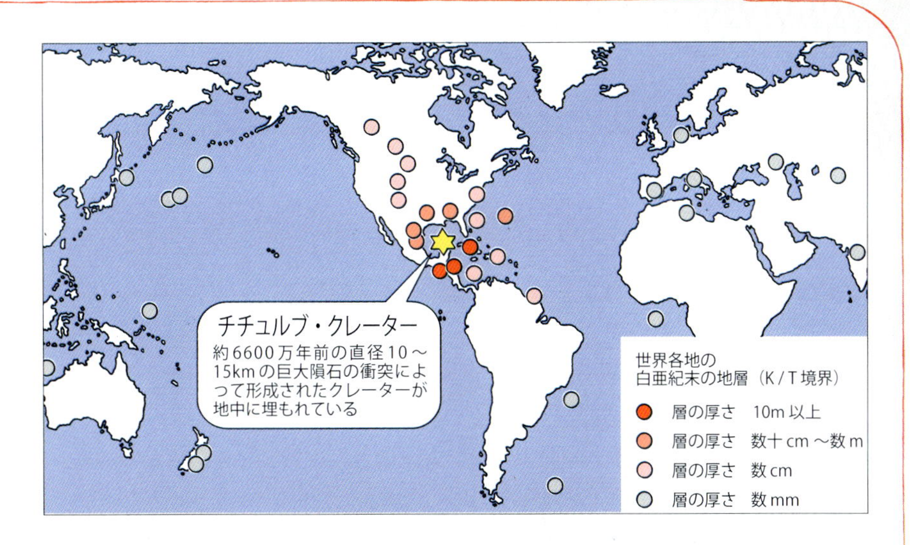

北アメリカのカリブ海周辺やメキシコ湾岸（わんがん）だと数mって、ほかの地域より厚くて、ここに大量のイリジウムがあったってことでさ、巨大隕石はこのあたりに落ちたんじゃないか？って推測できるわけよ。

その推測がドンピシャ！てな感じで、
その巨大隕石の衝突した跡（あと）、
いっちゃうとクレーターっていうやつなんだけど、
直径180kmぐらいのクレーターがさ、
メキシコのユカタン半島の地下深くに埋（う）もれてることを、
石油会社が掘削（くっさく）してたときに偶然（ぐうぜん）見つけちゃったのよ。
そのクレーターは「チチュルブ・クレーター」って呼ばれてるよ。

いやはや、
確たる証拠（しょうこ）はまだまだあるらしいんだけど。
これで巨大隕石衝突が、
白亜紀末に生物を大量絶滅させたという容疑が固まったって感じで、
今ではもうさ、結論づけられちゃってるらしいよ！

じゃ、おわり！

恐竜や化石が見られるおもな博物館

各博物館が所蔵しているおもな化石を紹介しています。常時展示していないものもあります。
2015年5月7日現在のデータです。

●北海道

足寄動物化石博物館
足寄郡足寄町郊南1－29－25
☎0156－25－9100
国内唯一のK/T境界のレプリカや、アショロアをはじめとするデスモスチルス類各種の骨格標本、古代クジラ（エティオケタス）などの化石を展示。

滝川市美術自然史館
滝川市新町2－5－30
☎0125－23－0502
タキカワカイギュウの骨格標本と世界のカイギュウ類、タカハシホタテをはじめとする空知川産の化石を多数展示。

中川町エコミュージアムセンター
中川郡中川町字安川28－9
☎01656－8－5133
国内最大のクビナガリュウ（モレノサウルス近縁種）や巨大イカ（エゾテウシス）など、中川町近郊から産出した化石標本を中心に展示。

別海町郷土資料館
野付郡別海町別海宮舞町30
☎0153-75-0802
マンモスの臼歯化石を展示。

北海道大学総合博物館
札幌市北区北10条西8丁目
☎011－706－2658
樺太（サハリン）から発見されたニッポノサウルスのほか、デスモスチルスの全身骨格も展示されている。

三笠市立博物館
三笠市幾春別錦町1－212－1
☎01267－6－7545
タニファサウルス（モササウルス類）やノドサウルス（恐竜）、ヘスペロルニス（鳥類）など、道内産の脊椎動物化石や、多数のアンモナイト化石が見られる。

むかわ町立穂別博物館
勇払郡むかわ町穂別80－6
☎0145－45－3141
クビナガリュウやモササウルス類、アノマロケリス（カメ類）など、むかわ町周辺で採集された脊椎動物やアンモナイト類を所蔵。

●東北

岩手県立博物館
岩手県盛岡市上田字松屋敷34
☎019－661－2831
岩手産の白亜紀前期のアンモナイトやモシリュウ、マエサワクジラなどを展示。

久慈琥珀博物館
岩手県久慈市小久慈町19－156－133
☎0194－59－3831
久慈近郊で産した琥珀を中心に、世界の琥珀を展示。発掘体験もできる（要予約）。

秋田県立博物館
秋田県秋田市金足鳰崎字後山52
☎018－873－4121

ナウマンゾウの骨格標本や地元産のクジラ化石などが展示されている。

山形県立博物館
山形県山形市霞城町1－8
☎023－645－1111
ヤマガタダイカイギュウの化石標本などを展示。

福島県立博物館
福島県会津若松市城東町1－25
☎0242－28－6000
相馬のジュラ紀アンモナイトや双葉層群産の脊椎動物化石など、福島県内で発見された化石をおもに展示。

いわき市石炭・化石館「ほるる」
福島県いわき市常磐湯本町向田3－1
☎0246－42－3155
フタバサウルスやマメンチサウルスの骨格標本（レプリカ）や、大型アンモナイトなど、いわき市周辺の化石を展示。

●関東・信越

ミュージアムパーク茨城県自然博物館
茨城県坂東市大崎700
☎0297－38－2000
マンモスの骨格標本や、国内でもめずらしい、茨城県内でまとまって見つかったメガロドン化石などを展示。

木の葉化石園
栃木県那須塩原市中塩原472
☎0287－32－2052
現地で発掘された植物やカエルなどの化石が見られる。園内の地層で採掘された原石を割って化石を探す体験もできる（ショップコーナーで原石を購入）。

栃木県立博物館
栃木県宇都宮市睦町2－2
☎028－634－1311
海外産の恐竜などの骨格標本のほか、ナウマンゾウなどの化石を展示。

神流町恐竜センター
群馬県多野郡神流町大字神ヶ原51－2
☎0274－58－2829
各種恐竜や恐竜の足跡の模型を展示。サメの歯化石などの展示もある。

群馬県立自然史博物館
群馬県富岡市上黒岩1674－1
☎0274－60－1200
カマラサウルスほか各種恐竜の骨格標本がある。国内産スピノサウルスの歯を所蔵。

国立科学博物館
東京都台東区上野公園7－20
☎03－5777－8600
フタバサウルスの実物標本や、川下コレクションをベースにした北海道アンモナイト群、国内産の各種哺乳類化石のほか、海外の恐竜の標本も豊富に所蔵。

千葉県立中央博物館
千葉県千葉市中央区青葉町955－2
☎043－265－3111

ナウマンゾウの骨格標本や房総半島で産した各種の化石を中心に展示。

神奈川県立生命の星・地球博物館
神奈川県小田原市入生田499
☎0465－21－1515
サメ類をはじめ古生物化石を展示。リソドゥスを所蔵。

新潟県立自然科学館
新潟県新潟市中央区女池南3－1－1
☎025－283－3331
タルボサウルスなどの骨格標本がある。

信州新町化石博物館
長野県長野市信州新町上条88－3
☎026－262－3500
アロサウルスなどの骨格標本がある。

野尻湖ナウマンゾウ博物館
長野県上水内郡信濃町野尻287－5
☎026－258－2090
野尻湖発掘調査で見つかったナウマンゾウなどの化石を展示。

●北陸

富山市科学博物館
富山県富山市西中野町1－8－31
☎076－491－2123
旧大山町で発見された恐竜の足跡の化石などが展示されている。

白山恐竜パーク白峰
石川県白山市桑島4－99－1
☎076－259－2724
桑島で得られた動植物の化石を展示。体験発掘もできる。冬期休館。

小松市立博物館
石川県小松市丸の内公園町19
☎0761－22－0714
白山山中（手取層群）で採集された白亜紀植物群化石が充実。

福井県立恐竜博物館
福井県勝山市村岡町寺尾51－11
☎0779－88－0001
地元北谷で発見されたフクイサウルス、フクイラプトル、フクイティタンなどの恐竜をはじめ、海外標本も充実。国内最大級の恐竜博物館。

●東海

東海大学自然史博物館
静岡県静岡市清水区三保2389
☎054－334－2385
ディプロドクスなど海外産の各種恐竜の骨格標本が充実。

岐阜県博物館
岐阜県関市小屋名1989
☎0575－28－3111
アロサウルスやイグアノドンの骨格標本を所蔵。

福地化石館
岐阜県高山市奥飛騨温泉郷福地
「昔ばなしの里」内
☎0578－89－2793
山腰コレクションを移管して展示。福地産のサンゴや三葉虫、直角貝の化石などを展示。

豊橋市自然史博物館
愛知県豊橋市大岩町字大穴1－238
☎0532－41－4747
エドモントサウルスなどの恐竜やナウマ

ンゾウの骨格標本などを展示。

三重県総合博物館
三重県津市一身田上津部田3060
☎059－228－2283
ミエゾウや鳥羽竜などを展示する。

●近畿

京都市青少年科学センター
京都府京都市伏見区深草池ノ内町13
☎075－642－1601
ティラノサウルスの動く模型のほか、各種恐竜の骨格レプリカなどがある。

益富地学会館
京都府京都市上京区出水通烏丸西入中出水町394
☎075－441－3280
京都府内で発見された化石各種、鉱物など多彩な標本を展示。

滋賀県立琵琶湖博物館
滋賀県草津市下物町1091
☎077－568－4811
古琵琶湖層群から発見された各種の化石などを展示。

兵庫県立人と自然の博物館
兵庫県三田市弥生が丘6
☎079－559－2001
丹波竜や共産化石の最新情報、クリーニング状況を見学することができる。ポトリオドンの化石も所蔵。

大阪大学総合学術博物館
大阪府豊中市待兼山町1－20
☎06－6850－6284
大学構内から産出したマチカネワニのタイプ標本（一見の価値あり）や、同大学にかかわる、研究・教育の歴史を展示。

大阪市立自然史博物館
大阪府大阪市東住吉区長居公園1－23
☎06－6697－6221
ナウマンゾウの骨格標本や、和泉層群のアンモナイト、コダイアマモのタイプ標本などを所蔵。

きしわだ自然資料館
大阪府岸和田市堺町6－5
☎072－423－8100
著者の一人、宇都宮聡発見のプログナソドン近縁種をはじめとする、モササウルスの特設コーナーがある。また、和泉山脈のアンモナイトの化石などを重点的に展示。

和歌山県立自然博物館
和歌山県海南市船尾370－1
☎073－483－1777
湯浅町産の肉食恐竜の牙や、和歌山県内産の化石展示が充実している。鳥屋城山で発見されたモササウルス類の化石を所蔵する。

●中国

鳥取県立博物館
鳥取県鳥取市東町2－124
☎0857－26－8042
鳥取県内で発見された、最古のスズメ目（もく）の化石などを展示。

奥出雲多根自然博物館
島根県仁多郡奥出雲町佐白236－1
☎0854－54－0003
ユーオプロケファルスなど各種恐竜のレプリカが見られる。

倉敷市立自然史博物館
岡山県倉敷市中央2－6－1
☎086－425－6037
アロサウルスなどの骨格レプリカがある。

笠岡市立カブトガニ博物館
岡山県笠岡市横島1946－2
☎0865－67－2477
各種恐竜の骨格レプリカのほか、カブトガニの生態がよくわかる展示がある。

美祢市歴史民俗資料館
山口県美祢市大嶺町東分279－1
☎0837－53－0189
美祢市で産出したアンモナイト、サンゴ、植物、昆虫類などの化石を所蔵・展示。

美祢市化石館
山口県美祢市大嶺町東分315－12
☎0837－52－5474
美祢・秋吉近郊で発見された、国内最古の昆虫化石類の他、石灰岩からのアンモナイト化石などを展示する。

●四国

徳島県立博物館
徳島県徳島市八万町向寺山
☎088－668－3636
勝浦町で発見されたイグアノドン類の歯化石を所蔵（四国唯一の恐竜化石）。また、和泉層群からのアンモナイトをはじめとする化石の展示もある。

愛媛県総合科学博物館
愛媛県新居浜市大生院2133－2
☎0897－40－4100
ステゴサウルスの骨格標本などがある。

佐川地質館
高知県高岡郡佐川町甲360
☎0889－22－5500
横倉山のサンゴ化石や恐竜の動く模型がある。

●九州

北九州市立いのちのたび博物館
（自然史・歴史博物館）
福岡県北九州市八幡東区東田2－4－1
☎093－681－1011
ワキノサトウリュウや、地元産の白亜紀の魚類の化石を所蔵。世界の恐竜骨格やアンモナイトの展示も充実。

佐賀県立博物館
佐賀県佐賀市城内1－15－23
☎0952－24－3947
ティラノサウルスの模型のほか、佐賀県内の化石を展示する。

佐賀県立宇宙科学館
佐賀県武雄市武雄町永島16351
☎0954－20－1666
佐賀県内で発見された巨大なオウムガイ化石などを展示。

長崎市科学館
長崎県長崎市油木町7－2
☎095－842－0505
長崎県から産出した各種化石を展示。

長崎バイオパーク
長崎県西海市西彼町中山郷2291－1
☎0959－27－1090
恐竜化石に触れるコーナーがある。

天草市立御所浦白亜紀資料館
熊本県天草市御所浦町御所浦4310－5

☎ 0969 − 67 − 2325
島内で産出した大型肉食恐竜の歯化石や、アンモナイトなどを多数展示。

御船町恐竜博物館
熊本県上益城郡御船町大字御船 995 − 6
☎ 096 − 282 − 4051
御船町内で発見された各種恐竜の化石を所蔵。

宮崎県総合博物館
宮崎県宮崎市神宮 2 − 4 − 4
☎ 0985 − 24 − 2071
祇園山のシルル紀サンゴ化石や、シャスティクリオセラスを所蔵。宮崎県内で発見された化石を中心に展示されている。

鹿児島県立博物館
鹿児島県鹿児島市城山町 1 − 1
☎ 099 − 223 − 6050
アロサウルスなどの骨格標本が展示されている。

おもな参考文献

●東シナ海の孤島から恐竜化石がぞくぞく

三宅優佳・荒巻美紀・小松俊文・對比地孝亘・真鍋 真・平山 廉　2011年　鹿児島県の甑島列島に分布する上部白亜系姫浦層群の非海生脊椎動物化石を含む堆積相　堆積学研究 70(2): 62

Tsuihiji, T., Komatsu, T., Manabe, M., Miyake, Y., Aramaki, M. and Sekiguchi, H. 2013. Theropod Tooth from the Upper Cretaceous Himenoura Group in the Koshikijima Islands, Southwestern Japan. *Paleontological Research* 17: 39-46.

●国内最古のエラスモサウルス科クビナガリュウ

Nakaya, H., Yamashita, K., Utsunomiya, S., Kikuchi, N. and Kondo, Y. 2014. The Late Cretaceous Elasmosauridae (Plesiosauria) from Shishi-jima Is. Kagoshima, Southwest Japan, 74th Annual Meeting, Society of Vertebrate Paleontology, Berlin.

●太古は浅い海にもいた深海ザメ

Goto, M. and The Japanese Club for fossil Shark Tooth Reseach. 2004. Tooth Remains of Chlamydoselachian sharks from Japan and their Phylogeny and Paleoecology. *Earth Science* (Chikyu Kagaku) 58(6): 361-374.

●日本初の獣脚類発見地

真鍋 真・小林快次編著　2004年　日本恐竜探検隊　岩波ジュニア新書

●白亜紀の淡水魚化石群

Okazaki, Y. 1992. A New Genus and Species of Carnivorous Dinosaur from the Lower Cretaceous Kwanmon Group, Northern Kyushu. *Bull. Kitakyushu Mus. Nat. Hist.*, 11: 87-90.

Sonoda, T., Hirayama, R., Okazaki, Y. and Ando, H. 2015. A New Species of the Genus *Adocus* (Adocidae, Testudines) from the Lower Cretaceous of Southwest Japan. *Paleontological Research* 19(1): 26-32.

Yabumoto, Y. 1994. Early Cretaceous Freshwater Fish Fauna in Kyushu, Japan.*Bull. Kitakyushu Mus. Nat. Hist.*, 13: 107-254, pis. 36-59.

●混濁流に飲みこまれたプラビトセラス群

Misaki, A., Maeda, H., Kumagae, T. and Ichida, M. 2014. Commensal anomiid bivalves on Late Cretaceous heteromorph ammonites from south-west Japan. *Palaeontology* 57: 77-95.

●ウミガメ群れる太古の海

平山 廉　2007年　カメのきた道　日本放送出版協会

●丹波竜と小さな生き物たち

Kusuhashi, N., Tsutsumi, Y., Saegusa, H., Horie, K., Ikeda, T., Yokoyama, K. and Shiraishi, K. 2013. A new Early Cretaceous eutherian mammal from the Sasayama Group, Hyogo, Japan. *Proceedings of the Royal Society* B 280 (1759): 20130142.

Saegusa, H. and Ikeda, T. 2014. A new titanosauriform sauropod (Dinosauria: Saurischia) from the Lower Cretaceous of Hyogo, Japan. *Zootaxa* 3848 (1): 1-66.

●海岸の岩場から竜脚類の大腿骨がにょっきり

三重県大型化石発掘調査団編　2001年　鳥羽の恐竜化石――三重県鳥羽市産恐竜化石調査

研究報告書　三重県立博物館
●プログナソドンアタック
Konishi, T., Tanimoto, M., Utsunomiya, S., Sato, M. and Watanabe, K. 2012. A Large Mosasaurine (Squamata: Mosasauridae) from the Latest Cretaceous of Osaka Prefecture (Sw Japan). *Paleontological Research* 16(2): 79-87.
Tanimoto, M. 2005. Mosasaur remains from the Upper Cretaceous Izumi Group of southwest Japan. *Geologie en Mijnbouw* 84(3): 373-378.
●モササウルス類の死骸に群がるサメ
小原正顕・小西卓哉・御前明洋・松岡廣繁　2013年　モササウルス発掘最前線――和歌山県有田川町の鳥屋城層より発見されたモササウルス類化石の発掘と標本処理　化石研究会会誌 46(1): 15-19.
●とげとげパンクなアンモナイトが群れる海
和歌山県立自然博物館　2010年　和歌山に恐竜がいたころ――白亜紀前期の化石大集合　第28回特別展解説書
●巨大獣脚類が潜む森
関戸信次　2002年　石川県石川郡尾口村目附谷産中生代植物化石の概括　手取川流域中生代手取層群調査報告書：21-30　石川県白山自然保護センター
●恐竜の足元の生き物たち
千葉県立中央博物館監修　2002年　恐竜時代の生き物たち　晶文社
●カブトガニ群れる入り江
松岡廣繁　2008年　前期白亜紀の“カブトガニのポンペイ遺跡”――石川県白山市瀬戸野に分布する手取層群の行跡化石　第26回化石研究会総会・学術大会講演抄録　化石研究会会誌 41(1) : 47-48.
●集団で狩りをした獣脚類
福井県立恐竜博物館　展示解説書　2000年
●水中を泳げた恐竜、まるで帆のついたワニ
Molnar, Ralph E., Obata, I., Tanimoto, M. and Matsukawa, M. 2009. A tooth of *Fukuiraptor* aff. *F. kitadaniensis* from the Lower Cretaceous Sebayashi Formation, Sanchu Cretaceous, Japan. 東京学芸大学紀要. 自然科学系 61: 105-117.
金井英男・三田照芳・高桑祐司編集　2008年　III 山中層群の古生物学的研究　群馬県立自然史博物館自然史調査報告書第4号
●ウミユリたなびくサンゴの海
小畠郁生　1993年　白亜紀の自然史　東京大学出版会
●琥珀と恐竜
平山 廉・小林快次・薗田哲平・佐々木和久　2010年　岩手県久慈市の上部白亜系久慈層群玉川層より発見された陸生脊椎動物群（予報）　化石研究会会誌 42(2): 74-82.

●セノマニアン期のアンモナイト群
松本達郎　1978年　日本化石集第50集　日本のアンモナイト7　築地書館
●巨大イカの泳ぐ海
Tanabe, K., Hikida, Y. and Iba, Y. 2006. Two coleoid jaws from the Upper Cretaceous of Hokkaido, Japan. *Journal of Paleontology* 80(1): 138-145.
●白亜紀後期まで生息していた海生ワニ
大阪大学総合学術博物館　2014年　夏期特集展覧会「奇跡の古代鰐・マチカネワニ――発見50年の軌跡」パネル説明

【コラム】
●ボーン・ヒストロジーから恐竜進化の謎を探る
Stein, M., Hayashi, S. and Sander,P. M. 2013. Long Bone Histology and Growth Patterns in Ankylosaurs: Implications for Life History and Evolution. PLOS Collections.
●日本で続々と発見される異形巻きアンモナイト
Shigeta, Y. 2014. *Morewites*, A New Campanian (Late Cretaceous) Heteromorph Ammonoid Genus from Hokkaido, Japan. *Paleontological Research* 18(1): 1-5.
●再会したプログナソドンの２つの顎化石
Konishi, T., Tanimoto, M., Utsunomiya, S., Sato, M. and Watanabe, K. 2012. A Large Mosasaurine (Squamata: Mosasauridae) from the Latest Cretaceous of Osaka Prefecture (Sw Japan). *Paleontological Research* 16(2): 79-87.
●恐竜の骨も薬になる？
伊藤 謙・宇都宮聡・小原正顕・塚腰 実・渡辺克典・福田舞子・廣川和花・髙橋京子・上田貴洋・橋爪節也・江口太郎　2015年　日本の地質学黎明期における歴史的地質資料――梅谷亨化石標本群（大阪大学適塾記念センター蔵）についての考察　国際日本文化研究センター　日本研究 51: 157-167.
●化学合成生物による竜骨群集の研究
Kaim, A., Kobayashi, Y., Echizenya, H., Jenkins, R.G. and Tanabe, K. 2008. Chemosynthesis-based associations on Cretaceous plesiosaurid carcasses. *Acta Palaeontologica Polonica* 53(1): 97-104.
●プレートとともに移動してきた南の森
福井県立恐竜博物館　展示解説書　2000年
●水生恐竜だったスピノサウルス
Ibrahim, N., Sereno, P.C., Sasso, C.D., Maganuco, S., Fabbri, M., Martill, D.M., Zouhri, S., Myhrvold, N. and Iurino, D.A. 2014. Semiaquatic Adaptations in a Giant Predatory Dinosaur. *Science*: 345(6204): 1613-1616.
●エゾテウシスよりさらに巨大なイカが白亜紀の日本にいた！
Tanabe, K., Misaki, A. and Ubukata, T. 2015. Late Cretaceous record of large soft-bodied coleoids based on lower jaw remains from Hokkaido, Japan. *Acta Palaeontologica Polonica* 60(1): 27-38.
●ハルキゲニたんの基礎古生物講座「白亜紀末の大量絶滅」
後藤和久　2011年　決着！恐竜絶滅論争　岩波書店

古生物名索引

【ア行】

【カ行】

【サ行】

【タ行】

【ナ行】

【ハ行】

【マ行】

【ヤ行】

【ラ行】

【ワ行】

地名・地層名索引

【ア行】

【カ行】

【サ行】

【タ行】

【ナ行】

【ハ行】

【マ行】

【ヤ行】

【ラ行】

【ワ行】

おわりに

『日本の恐竜図鑑』『日本の絶滅古生物図鑑』を刊行したあと、この２冊に掲載できなかった古生物をもっと紹介したいという思いがつのりました。

ちょうど2013年７月に大阪大学総合学術博物館で「日本にいた！『絶滅』古生物」という企画展が開催されることになり、川崎悟司が描いた古環境の復元イラストと宇都宮聡が採集した化石を展示する機会に恵まれました。そのイラストを見たときに、古生物単体ではなく、環境も復元したイラストと化石や産地の写真で、古生物や古環境を総合的に紹介する本ができないだろうかと思ったのがこの本をつくるきっかけとなりました。

我々アマチュアの二人が恐竜が生きた時代への夢をふくらませ、古生物のロマンを語り、このような本を出すことができるのは、地質学・古生物学を専攻される諸先輩方、各地の自然博物館のご協力・ご教示があってこそのことです。

この場を借りて深く感謝いたします。

本書を作成するにあたり、多くの方々のお力をお借りいたしました。

仲谷英夫氏（鹿児島大学）には古脊椎動物全般の知識を深めていただきました。

平山 廉氏（早稲田大学）には、メソダーモケリスに関する情報と復元イラストのチェックをしていただきました。

三枝春生氏（兵庫県立人と自然の博物館：「丹波竜と小さな生き物たち」）、むかわ町立穂別博物館（「コラム 北海道穂別山中で進む恐竜発掘」）には、写真をお借りするとともに、内容をチェックしていただきました。

岡島孝義氏、岡山清英氏、小原正顕氏（和歌山県立自然博物館）、加納学氏（三笠市立博物館）、桔梗照弘氏、小松俊文氏（熊本大学）、榊原和仁氏、新村龍也氏（足寄動物化石博物館）、高桑祐司氏（群馬県立自然史博物館）、對比地孝亘氏（東京大学）、橋本亮平氏、早野久光氏、疋田吉識氏（中川町エコミュージアムセンター内中川町自然誌博物館）、人見友幸氏、平田慎一郎氏（きしわだ自然資料館）、福田龍八氏（南あわじ市教育委員会）、松田敏昭氏、松本浩司氏、御前明洋氏（北九州市立自然史・歴史博物館）、望月貴史氏（岩手県立博物館）、森 伸一氏、森木和則氏、横井隆幸氏、岩手県立博物館、大阪市立自然史博物館、神流町恐竜センター、きしわだ自然資料館、北九州市立自然史・歴史博物館、久慈琥珀博物館、群馬県立自然史博物館、小松市立博物館、中川町エコミュージアムセンター、兵庫県立人と自然の博物館、福井県立恐竜博物館、三重県総合博物館、三笠市立博物館、南あわじ市教育委員会、和歌山県立自然博物館には、貴重な写真・図などをご提供いただき、またお借りするにあたり大変お世話になりました。

快く取材に応じてくださった、伊藤 謙氏（京都薬科大学 兼 大阪大学総合学術博物館）、林 昭次氏（大阪市立自然史博物館）、古田悟郎氏（海洋堂）、本多俊之氏、御前明洋氏（北九州市立自然史・歴史博物館）、ロバート・ジェンキンズ氏（金沢大学）、大成モナック株式会社の長野泰幸氏、前田昇氏、ありがとうございました。

小川英敏氏、尾崎高広氏、木村康弘氏、後藤仁敏氏（鶴見大学）、小西卓哉氏（ブランドン大学）、谷本正浩氏、樽野博幸氏（大阪市立自然史博物館）、宮下雄圭氏、宮脇修一氏（海洋堂）、安冨歩氏（東京大学）、米山佳成氏、近畿地学会、サメの歯化石研究会、益富地学会館、そして企画の段階からご支援いただきました築地書館の土井二郎社長、編集者の橋本ひとみさん、すべての方のお名前をあげることはできませんが、本書をつくるにあたり、お世話になった方々に心より感謝申し上げます。

言うまでもないことですが、あくまで文責はすべて著者にあり、どのような表現を使うかは著者が決めたことであり、情報をご提供くださった方には責任のないことをお断りいたします。

本書が、古生物に興味をもつきっかけの１冊となれば幸いです。

2015年５月

宇都宮 聡
川崎 悟司

著者紹介

宇都宮 聡（うつのみや・さとし）

手にしているのは和歌山県で発見されたモササウルス類の鰭脚化石（レプリカ）

1969 年 10 月、愛媛県生まれ。
会社勤めのかたわら、趣味である化石採集をライフワークとし、九州初のクビナガリュウ（サツマウツノミヤリュウ）や、白山（手取層群）から日本最大の獣脚類の歯、大阪での大型モササウルス類プログナソドンの頭部ほか、多数の大物化石を発見。国内屈指のドラゴンハンターとして知られる。
2013 年大阪大学総合学術博物館にて開催された、川崎悟司氏とのコラボ展「日本にいた！『絶滅』古生物」を企画から参画し成功させる。
歴史文化工学会理事。大阪市立自然史博物館外来研究員。
2015 年現在、社会人大学院生として鹿児島大学理工学部で、サツマウツノミヤリュウの研究を自ら進めている。
国内外の研究者との共著論文多数。著書に『クビナガリュウ発見！』、共著書に『日本の恐竜図鑑』『日本の絶滅古生物図鑑』（以上、築地書館）などがある。

川崎 悟司（かわさき・さとし）

イラスト執筆中。鉛筆画をパソコンに取りこんで着色する

1973 年 7 月、大阪府生まれ。
古生物、恐竜、動物をこよなく愛する古生物研究家。
2001 年、趣味で描いていた生物のイラストを、時代・地域別に収録したウェブサイト「古世界の住人 http://www.geocities.co.jp/NatureLand/5218/」を開設以来、個性的で今にも動きだしそうな古生物たちの独特の風合いのイラストに人気が高まる。
現在、古生物イラストレーターとして活躍中。
著書に『絶滅した奇妙な動物』『絶滅した奇妙な動物 2』『ならべてくらべる動物進化図鑑』（以上、ブックマン社）、『絶滅したふしぎな巨大生物』（PHP 研究所）、『謎の絶滅生物 100』（廣済堂出版）、『未来の奇妙な動物大図鑑』（宝島社）、共著書に『日本の恐竜図鑑』『日本の絶滅古生物図鑑』（以上、築地書館）などがある。

日本の白亜紀・恐竜図鑑

2015 年 8 月 8 日　初版発行

著者	宇都宮聡＋川崎悟司
発行者	土井二郎
発行所	築地書館株式会社 〒 104-0045 東京都中央区築地 7-4-4-201 TEL.03-3542-3731　FAX.03-3541-5799 http://www.tsukiji-shokan.co.jp/ 振替 00110-5-19057
印刷製本	中央精版印刷株式会社
装丁 本文デザイン	秋山香代子

ⓒ Satoshi Utsunomiya & Satoshi Kawasaki 2015 Printed in Japan　ISBN978-4-8067-1497-2

・本書の複写、複製、上映、譲渡、公衆送信（送信可能化を含む）の各権利は築地書館株式会社が管理の委託を受けています。

・JCOPY〈出版者著作権管理機構 委託出版物〉
本書の無断複製は著作権法上での例外を除き禁じられています。複製される場合は、そのつど事前に、出版者著作権管理機構（TEL.03-3513-6969、FAX.03-3513-6979、e-mail: info@jcopy.or.jp）の許諾を得てください。

『日本の恐竜図鑑
～じつは恐竜王国日本列島～』

宇都宮聡＋川崎悟司［著］
A5 判／ 160 ページ／オールカラー
定価：本体 2200 円＋税
ISBN：978-4-8067-1433-0　C0045

ティラノサウルスの祖先、アウブリソドン類
巨大肉食恐竜ミフネリュウ（体長 10m ？）
羽毛をもった肉食のベロキラプトル類………
日本列島にいた古代生物 41 種を、カラーイラストと化石・産地の写真で紹介。恐竜化石発見の極意も伝授。発見記つき。

『日本の
絶滅古生物図鑑』

宇都宮聡＋川崎悟司［著］
A5判／160ページ／オールカラー
定価：本体2200円＋税
ISBN：978-4-8067-1453-8　C0045

螺旋（らせん）の歯をもつ不思議なサメ、ヘリコプリオン
巨大な歯をもつモンスター、メガロドン
大阪大学キャンパスにいた7mのマチカネワニ………
日本列島ご当地古生物マップ、発見記、コラム、恐竜や化石が見られるおもな博物館など、情報満載。